Heribert Hofner

MERCEDES-BENZ TYPENKUNDE

Band 3

Modelle der Oberklasse von 1951 bis 1972

Luxusklasse, S-, SL- und SLC-Klasse

Delius Klasing Verlag

In dieser Buchreihe sind erschienen:
Audi Typenkunde (in 2 Bänden)
BMW Typenkunde
Citroën Typenkunde
Ford Typenkunde
Mercedes-Benz Typenkunde (in 3 Bänden)
Opel Typenkunde (in 2 Bänden)
Porsche Typenkunde
Volkswagen Typenkunde (in 2 Bänden)
Volvo Typenkunde

Bildnachweis:
Daimler AG Classic Media
Daimler AG Communications/Media
Archiv des Autors

Bibliografische Information der Deutschen Nationalbibliothek
Die Deutsche Nationalbibliothek verzeichnet diese Publikation in der Deutschen Nationalbibliografie; detaillierte bibliografische Daten sind im Internet über http://dnb.d-nb.de abrufbar.

1. Auflage
ISBN 978-3-7688-3278-6

Lektorat: Felix Wagner
Einbandgestaltung: Gabriele Engel
Gesamtherstellung: DZA Druckerei zu Altenburg GmbH, Altenburg
Printed in Germany 2011

Delius Klasing Verlag, Siekerwall 21, D - 33602 Bielefeld
Tel.: 0521/559-0, Fax: 0521/559-115
E-Mail: info@delius-klasing.de
www.delius-klasing.de

Inhalt

Einführung

Band 3 der Mercedes-Benz-Typenkunde beschreibt alle hinsichtlich Verkaufspreis und Motorisierung über der E-Klasse angesiedelten Personenwagen-Modelle, wobei angesichts der zu bewältigenden Stofffülle das Modelljahr 1972 als fließende Obergrenze gewählt wurde. Der durchaus nicht scharf konturierte Begriff »Oberklasse« umfasst zunächst die großen Limousinen, Coupés und Cabriolets als Vorgängerbaureihen der S-Klasse heutiger Nomenklatur. Dieser heute geläufige Begriff wurde erst im Herbst 1972 eingeführt und liegt damit außerhalb des zeitlichen Rahmens dieses Bandes. Ausgangspunkt ist der erste 220 des Baumusters W 187 aus dem Jahre 1951 mit seinen konservativ ausgeprägten Stilelementen der Vorkriegsjahre, aber mit einem modernen Reihensechszylinder mit oben liegender Nockenwelle – formal gekrönt durch das zweisitzige Cabriolet A. Daran schließen sich die als »Ponton-Modelle« bekannt gewordenen Sechszylinder der Baumuster W 180, W 105 und W 128 an – vom unglücklich bezifferten Einstiegsmodell 219 bis zum 220 SE –, die mit selbsttragender Karosserie und schließlich mit Benzineinspritzung aufwarteten und wiederum durch exklusive Cabriolets und Coupés ergänzt wurden.

Deren elegante Nachfolger (W 111 und W 112, letzterer mit Leichtmetallmotor und Luftfederung) wurden im Kreis der Kenner und Liebhaber als »große Flosse« betitelt, brachten manch sportlichen Lorbeer nach Hause und wurden durch ausgesprochen hübsche Coupés und Cabriolets ergänzt. Die Fortsetzung folgte mit der bis 1972 gebauten Doppelbaureihe W 108/109, die im Wesentlichen die Coupé- und Cabrio-Varianten der Vorgänger übernahm und erstmals mit großvolumigen V8-Triebwerken mit 3,5, 4,5 (USA) und 6,3 Litern Hubraum erhältlich war.

Über der eigentlichen Oberklasse angesiedelt waren die in vergleichsweise geringen Stückzahlen gefertigten Wagen der hauchdünnen Deckschicht, die auch als »Luxusklasse« bezeichnet wird. Dazu zählen die 1951 eingeführten und in vier Generationen aufgelegten Dreihunderter, die nach dem ersten deutschen Bundeskanzler als prominentestem Benutzer posthum als »Adenauer« in die Geschichte eingingen. Trotz des vermeintlich staatstragenden Hintergrunds waren in der 300er-Typenfamilie neben den letzten viertürigen Cabriolets unter der Bezeichnung 300 S bzw. 300 Sc auf verkürztem Radstand auch ebenso sündhaft teure wie betörend formvollendete Cabriolets, Roadster und Coupés lieferbar. Im Herbst 1963 wird mit dem 600 (W 100) wieder ein für Noblesse, Geldadel und die Regierungsspitzen dieser Erde gedachter Solitär vorgestellt. Dabei wurden ohne Rücksicht auf die Kostenlage alle Register des technisch Machbaren gezogen – und dem Schlachtkreuzer geradezu sportwagenhafte Fahreigenschaften anerzogen.

Aber auch die Sportwagen zählen zum Umfang dieses Bandes. Der Dreilitermotor des ersten 300 bildete die Grundlage für die Entwicklung eines wettbewerbstauglichen Coupés mit Gitterrohrrahmen und Flügeltüren: Der legendäre 300 SL mit Direkteinspritzung war geboren. Im Mai 1957 wird der ziemlich kompromisslose Flügeltürer durch den 300 SL Roadster ersetzt, bei dem naturgemäß der viel beklagte Hitzestau im Innenraum eliminiert war. Am 300 SL orientiert sich formal der kleinere 190 SL. Er ist der einzige Vierzylinder unter den vielen hier aufgeführten Modellen, wurde in erster Linie für den US-Markt konzipiert und ist ein Kind des dortigen Sportwagen-Booms der Fünfzigerjahre. Während der 190 SL eher ein Boulevard-Rider ist, kommt sein nur mit Sechszylinder lieferbarer Nachfolger sogar zu sportlichen Ehren: Der 230 SL (W 113) siegt bei Langstrecken-Rallyes und wird wegen der konkaven Ausformung seines Hardtops im saloppen Insider-Jargon schnell zur »Pagode«. Die äußerlich nahezu identischen Folgemodelle 250 SL und 280 SL unterscheiden sich in erster Linie durch weiterentwickelte Triebwerke.

Dagegen weicht der im Frühjahr 1971 präsentierte und als 350 SL bezeichnete Nachfolger in vielerlei

Hinsicht ab. Schwellende Formen und üppiger Zierrat scheinen ebenso auf den nordamerikanischen Markt zu zielen wie der zunächst ausschließlich lieferbare leistungsstarke 3,5-Liter-V8-Motor, der die Gewichtszunahme leicht zu kompensieren vermag. Die vom Hersteller so bezeichnete Roadster-Baureihe R 107 – nach der üblichen Definition hat man es hier aber eher mit Cabriolets statt mit sportiv-spartanischen Roadstern zu tun – wird ständig ausgebaut und umstrukturiert und bringt es im Laufe der Zeit nicht nur auf acht Motorisierungsvarianten, sondern mit mehr als 18 Produktionsjahren auf die längste Fertigungsspanne aller Mercedes-Personenwagen. Damit ragt die Laufbahn der R-107-Modelle deutlich aus dem Berichtszeitraum dieses Buches heraus. Eine weitere Besonderheit der 107er besteht darin, dass sie in Abweichung zur bisher und danach auch wieder gepflogenen Praxis auf verlängerter Bodengruppe die Basis für das viersitzige Oberklasse-Coupé bilden: Im Februar 1972 geht der 350 SLC in Produktion. Die Karriere des insgesamt mit fünf verschiedenen Triebwerken angebotenen sportlichen Coupés, das im Gegensatz zum SL sogar sportliche Ehren erlangt, ist wesentlich kürzer als die des offenen Basistyps. Sie endet im September 1981.

Vater Abraham der S-Klasse

Mercedes-Benz 220 (W 187, 1951–1955)

Der 170 S stellt entsprechend dem stark reduzierten Anspruchsdenken und dem enger geschnalltem Gürtel der Nachkriegsära eher eine Kompromisslösung dar als ein maximal mögliches Opus. Mit knapp viereinhalb Metern Länge ist der 170 S relativ kompakt, und sein fortschrittliches Fahrwerk ist mit den zurückhaltenden 52 PS des Seitventilers ausgesprochen unterfordert. Der 170 S ist alles andere als ein schneller Luxusliner, aber er verkörpert das zögernd wieder in Gang gekommene Emporstreben der Deutschen und vermag so die sachte Entfaltung der westdeutschen Wirtschaft widerzuspiegeln. Weiter gehende Repräsentationsansprüche müssen vorerst auf Eis gelegt werden, bis im April 1951 der deutlich standesgemäßere Typ 220 bei der IAA präsentiert wird und schließlich im Juli 1951 in Produktion geht.

Eine der allerersten 220-Limousinen auf großer Fahrt, Sommer 1951.

Die gelungene Vorstellung des 220 wird indessen nicht zur Sensation des Salons: Der augenscheinliche Interimstyp macht kaum Furore, will nicht als epochemachend gelten, sondern löst auf Anhieb Sympathie aus und füllt die Auftragsbücher. Das Konzept entspringt keinem Millionenprojekt, es ist den wirt-

Im Fundzustand belassene, weitgehend originale 220-Limousine aus der zweiten Bauphase ohne Kurbelöffnung an der Kühlerverkleidung, Erstzulassung 24. November 1952.

220-Cabriolet-B, viersitzig, mit geschlossenem Verdeck.

220-Cabriolet-B, besetzt mit Damenteam, unter freiem Himmel.

schaftlichen Erfordernissen der Zeit angepasst. Das Fundament stammt vom 170 S: Im 220 wurde die durchaus zeitgemäße Basis aus Chassis und Fahrwerk der weiter entwickelten Vierzylinder-Reihe mit Ovalrohr-X-Rahmen, einzeln abgefederten Rädern und hypoidverzahntem Achsantrieb durch eine hochmoderne Sechszylindermaschine ergänzt. Außerdem entspricht auch die in Ganzmetall-Bauweise erstellte Karosserie von der Windschutzscheibe ab im Wesentlichen der des 170 S, verströmt bürgerliche, konservativ verharrende Stilistik und bietet im Fond nicht gerade üppige Sitzbreite. Es gibt aber einen entscheidenden Kontrapunkt: Das kennzeichnende äußere Unterscheidungsmerkmal sind neben der etwas längeren Motorhaube, den innen liegenden Scharnieren des Heckdeckels und dem vergrößerten Rückfenster die in die Kotflügel einbezogenen Scheinwerfer. Gerade dieses Stilelement macht den 220 unverwechselbar, lässt ihn durch sein geducktes Kühlergesicht sportlich, vor allem aber gestreckter erscheinen, obwohl er kaum niedriger und bei unverändertem Radstand nur sechs Zentimeter länger ist als der 170 S. Der 220 sieht nicht nur schnell aus, er ist es auch: Die damals in dieser Wagenklasse ungewohnt hohe Werkangabe von 140 km/h für die Höchstgeschwindigkeit lässt aufhorchen.

Dieses Leistungsvermögen ist dem neu entwickelten Triebwerk des legendären Baumusters M 180 zu verdanken, einem überaus gelungenen Wurf. Der 2,2-Liter-Kurzhuber besitzt eine oben liegende Nockenwelle, die durch eine Doppelrollenkette angetrieben wird – ein derartiges Detail hatte nicht einmal der erlesene 540 K der Dreißigerjahre aufzuweisen. Diese ohc-Bauart – heute längst unabdingbares Element und Grundbedingung selbst eines Gebrauchstriebwerks – wurde bei Mercedes-Benz seit den frühen Dreißigerjahren nicht mehr angewandt: In den legendären Siebenliter-Sportwagen S, SS und SSK (Baureihe W 06) der Porsche-Ära arbeiteten die letzten Untertürkheimer ohc-Motoren, mit einer edlen Königswelle hochkarätig konzipiert. Dann ging es weitaus anspruchsloser weiter – manchmal in ohv-Manier, zumeist aber sehr rustikal und drehzahlabstinent mit stehenden Ventilen. Die vierfach gelagerte Kurbelwelle des 220 entspricht dem Stand der Technik. Vibrationsarmut zählt allerdings nicht zu den hohen Tugenden dieser Neuentwicklung – der ohv-Sechszylinder des Opel Kapitän läuft deutlich weicher. Ein beim M 180 vorn auf der Kurbelwelle sitzender Schwingungsdämpfer erweist sich aber als einigermaßen wirkungsvolles Therapeutikum.

Die Schweizer *Automobil Revue* protokolliert in einem zeitgenössischen Test 19 Sekunden für die Beschleunigungsspanne von null auf 100 km/h und eine Höchstgeschwindigkeit von 142 km/h. Noch heute machen die mittlerweile weit über 50 Jahre alten Wagen weder im Stadt- noch im Überlandverkehr eine schlechte Figur, wozu auch das hervorragend abgestufte, vollsynchronisierte Vierganggetriebe beiträgt. Es wird im Gegensatz zum 170 S mit seiner Stockschaltung in der Wagenmitte mit einer exakt geführten Lenkradschaltung betätigt. In seiner Zeit erregt der 220 mit seinen Fahrleistungen Aufsehen: Die ersten Porsche 356 lässt er auf der Autobahn nach Her-

Eines der ersten Werkfotos vom zweisitzigen 220-Cabriolet-A, 1951.

zenslust stehen, sofern die *Military Police* mit ihren Harley-Davidsons nicht gerade in der Nähe ist. Die 1100er und 1300er aus Zuffenhausen sind in puncto Beschleunigung und Durchzugsvermögen im Nachteil – erst die späteren Super und die 1500er werden schneller sein. Wenn der 220 auch beileibe kein *muscle car* ist, so zählt er doch zu Europas schnellsten Serienwagen. Von einem Fachjournalisten jener Tage wird er jedenfalls als »Wolf im Schafspelz« bezeichnet.

Im Gegensatz zum 170 S wird der 220 mit einem verdeckt angebrachten Druckknopf an der Unterkante des Armaturenbretts angelassen. Die Maschine des 220 ist nicht nur durch spontane Drehfreudigkeit gekennzeichnet, sondern auch durch hohe Elastizität – in einem Maße, wie das für Kurzhuber nicht selbstverständlich ist: Ab 30 km/h kann im direkten Gang ruckfrei beschleunigt werden. Der thermostatisch gesteuerte Öl-Wasser-Wärmetauscher, der ein frappierend schnelles Erreichen der Betriebstemperatur erlaubt, ist ein zukunftsorientiertes Merkmal. Dieses Prachtstück von einem Motor bleibt ohne grundlegende Veränderungen bis zum 230/8 alias 230.6 des Baumuster W 114 erhalten und dient bis zur Mitte der

In typischer Vorkriegsmanier ragt das nicht versenkbare Verdeck des 220-A-Cabriolets in geöffnetem Zustand weit nach oben.

1980er-Jahre weiteren Sechszylinder-Generationen als konstruktive Basis.

Das Fahrwerk ist betont komfortabel abgestimmt. Die leichtgängige Kugelumlauflenkung erreicht beinahe die Präzision einer Zahnstangenlenkung. Die Zweigelenk-Pendelachse garantiert allerdings nur bei voll belastetem Wagen höhere Kurvengeschwindigkeiten, denn dann stehen die Hinterräder deutlich negativ

TECHNISCHE DATEN 220 (W 187)

Modell	220	220 Cabriolet A	220 Cabriolet B	220 Coupé
Baumuster (Schiebedach)	W 187; 187.011 (187.014)	W 187; 187.012	W 187; 187.013	W 187; 187.023
Karosserieform	viertürige Limousine	zweitüriges, zweisitziges Cabriolet	zweitüriges, viersitziges Cabriolet	zweitüriges, zweisitziges Coupé
Bauzeit	07/1951–05/1954	08/1951–08/1955	07/1951–05/1953	12/1953–07/1955
Motor				
Bauart (Viertakt-Otto)	Reihen-Sechszylinder M 180 I			
Hubraum in cm^3	2195			
Bohrung × Hub in mm	80 × 72,8			
Leistung in PS/kW bei min^{-1}	80/59 bei 4600	80/59 bei 4600; ab 04/1954: 85/63 bei 4800	80/59 bei 4600	80/59 bei 4600; ab 04/1954: 85/63 bei 4800
max. Drehmoment in Nm bei min^{-1}	145 bei 2500	145 bei 2500; ab 04/1954: 160 bei 2400	145 bei 2500	145 bei 2500; ab 04/1954: 160 bei 2400
Ventilsteuerung; Ventile pro Zylinder	ohc (1 oben liegende Nockenwelle, Doppelrollenkette); 2			
Gemischaufbereitung	1 Fallstrom-Doppelvergaser Solex 30 PAAJ			
Verdichtung	6,5	6,5; ab 04/1954: 7,6	6,5	6,5; ab 04/1954: 7,6
Elektrik	6 Volt; Batterie 84 Ah			
Lichtmaschine	130 Watt			
Kraftübertragung				
Getriebe	4-Gang-Schaltgetriebe, voll synchronisiert			
Antrieb	Hinterräder			
Rahmen und Fahrwerk				
Aufbau	Ganzstahlkarosserie			
Rahmen	separater Ovalrohr-X-Rahmen			
Radaufhängung vorn	einzeln an Doppelquerlenkern			

TECHNISCHE DATEN 220 (W 187)

Modell	220	220 Cabriolet A	220 Cabriolet B	220 Coupé
Radaufhängung hinten	Zweigelenk-Pendelachse			
Lenkung	alternativ Schneckenlenkung ZF-Roß oder Kugelumlauflenkung mit automatischer Nachstellung Daimler-Benz L1			
Bremsen	hydraulisch; 4 Trommeln			
Felgengröße	4,50 K × 15			
Bereifung	6,40–15			
Maße und Gewichte				
Radstand in mm	2845			
Spur vorn/hinten in mm	1315/1435			
Länge/Breite/Höhe in mm	4510/1685/1610	4540/1685/1560	4510/1685/1610	4540/1685/1550
Leergewicht in kg	1325	1420; ab 04/1954: 1460	1420	1460
Tankinhalt in l	48; ab 02/1952: 65			65
Leistungsdaten				
Höchstgeschwindigkeit in km/h	140	145; ab 04/1954: 150	140	145; ab 04/1954: 150
Beschleunigung 0–100 km/h in sec	21			
Kraftstoffverbrauch in l/100 km	10,9			
Sonstiges				
Stückzahl (ohne Fahrgestelle für Sonderaufbauten)	16 107 (inkl. 41 OTP)	1278	997	85
Preis bei Markteinführung	DM 11 750	DM 18 850	DM 15 150	DM 20 850; mit Stahlschiebedach DM 22 000

Restauriertes Cabriolet A der ersten Bauphase, Erstzulassung 21. Dezember 1951, Originalfarbe DB 320 mit der lapidaren Bezeichnung »Blau«.

und stützten sich brav gegen die Fahrbahn ab. Der Grenzbereich ist spürbar: Aus lebhaftem Wedeln mit dem Heck wird ein dezentes Untersteuern, für das der gewichtige Sechszylinder auf der Vorderachse verantwortlich war, der aber auch für unbeirrbaren Geradeauslauf sorgt. Die ausgeprägte Seitenwindempfindlichkeit der hoch bauenden Wagen entspricht dem gewohnten Maß der Epoche. Die zunächst vom 170 S übernommenen Bremsen des 220 zeigen sich zunächst als hochgradig unterdimensioniert und im bergigen Terrain als fadinganfällig. Sie können erst nach ihrer gründlichen Überarbeitung und der Vergrößerung der Bremsfläche im Frühjahr 1952 überzeugen. Seine sportiven Gene stellt der 220 bei zahlreichen nationalen und internationalen Rallyes, Zuverlässigkeitsfahrten und Sternfahrten unter Beweis – nicht ohne Erfolg, wie beispielsweise der Mannschaftssieg bei der Rallye Monte Carlo 1952 zeigt. Die sportliche Karriere des 220 gipfelt aber ohne Zweifel im Klassensieg bei dem 24-Stunden-Rennen von Spa-Francorchamps im Juli 1953, als ein privates belgisch-portugiesisches Team unter 39 gestarteten Wagen hinter vier Rennsportwagen den fünften Gesamtrang belegt – und dennoch in Vergessenheit gerät.

Bei aller Sportlichkeit steht beim ersten 220 aber der Repräsentationswert im Vordergrund. Die Treffpunkte der aufstrebenden mittelständischen Geschäftswelt sind vom 220 geprägt. Auch das gehobene Management der Industrie bedient sich des 220 – man spricht treffend vom »Chefwagen der Nation«. Doch erst der stets rare 300 steht den absoluten Spitzen von Politik, Wirtschaft und Kultur zur Verfügung.

Das extrem seltene 220-Coupé, hier Jahrgang 1954, war noch einmal deutlich teurer als das gewiss nicht preiswerte Cabriolet A.

Als Sonderausstattung war das 220-Coupé mit Stahlschiebedach lieferbar.

Der 220 OTP diente schnellen Autobahnstreifen und wurde nur 41-mal gebaut.

Aus heutiger Sicht kann der von Fritz Nallinger und Max Wagner konzipierte 220 trotz seines überzeugenden Triebwerks kaum als Meilenstein des Automobilbaus bezeichnet werden. Als Zwischenmodell zum längst im Entstehen begriffenen Ponton-220 bringt er es deshalb nur auf eine vergleichsweise geringe Produktionsziffer: Bis zum Modellwechsel im Mai 1954 entstehen ganze 16066 Exemplare – auch in der Relation der Nachkriegsjahre allenfalls ein beschränkter Erfolg. Der direkte Konkurrent aus Hessen, der Opel Kapitän 51, verkauft sich dank seines günstigeren Preises und seines geräumigeren Innenraums trotz geringerer Bauzeit mehr als dreimal so gut.

Im Lieferprogramm des ersten 220 sind neben den Limousinen mit und ohne Faltschiebedach analog zum 170 S auch die beiden Cabriolets enthalten: Das zweisitzige Cabriolet A kostet 60 Prozent mehr als die Limousine (18910 DM gegenüber 11935 DM), besitzt noch einen in aufwendiger Handarbeit gefertigten Karosserie-Holzrahmen und zählt gewiss – offen wie geschlossen – zu den schönsten deutschen Autos aller Zeiten. Es wird bis August 1955 gebaut, überlebt damit die Limousine um 15 Monate und erreicht eine Stückzahl von 1278. Im letzten Fertigungsjahr wird es sowohl mit einer gewölbten Windschutzscheibe als auch mit dem mit Leichtmetall-Zylinderkopf ausgerüsteten 85-PS-Motor des 220a ausgerüstet. Vom zweitürigen, viersitzigen Cabriolet B, das in Linienführung und Gleichteileverwendung weitaus stärker an die Limousine angelehnt ist – beim Cabriolet A ist außer der Kühlerverkleidung und der vorderen Stoßstange nicht ein Aufbau-Blechteil identisch –, entstehen 997 Exemplare. Schließlich gibt es von Mai 1954 bis August 1955 auf der Basis des Cabriolet A auch ein hübsches, aber mit 22000 Mark auch sündhaft teures Coupé, das mit 85 Einheiten hochgradig exklusiv bleibt. Nicht zum offiziellen Verkaufsprogramm zählen die 41 viertürigen Polizei-Tourenwagen mit leichtem Verdeck, die vor allem den Autobahnstreifen einiger Bundesländer zur Verfügung stehen.

Im Namen des Kanzlers: Typ Dreihundert alias Adenauer

Mercedes-Benz 300 (W 186 II, 1951–1954)

Die düstere Zäsur des Zweiten Weltkriegs, der Absturz vom Größenwahn und der Gigantomanie der Herrenmenschen des Dritten Reichs, fuhr in Deutschland alle Dimensionen zurück – einschließlich der Konzeption automobiler Superlative. Vorbei war die Ära der Kompressortitanen, der Nürburgs und der monströsen Staatslimousinen des Typs 770. Aber: Repräsentationswagen haben ihren Stellenwert – zu jeder Zeit, an jedem Ort, in jedem System. In Deutschland, wo die oberste Schicht der Finanzwelt trotz des verlorenen Krieges nur vergleichsweise wenig Federn gelassen hat und noch immer als immens vermögend gilt, herrscht bald wieder Bedarf an großen Limousinen der Extraklasse. Als die alliierten Produktionsbeschränkungen aufgehoben sind, ist man bei Daimler-Benz längst dabei, ein entsprechendes Spitzenmodell zu konzipieren. Bauentscheidung und Konzeptbeginn fallen in das Jahr 1947.

Im April 1951 wird der neu entwickelte Typ 300 bei der Internationalen Automobil-Ausstellung in Frankfurt am Main vorgestellt, ein Ausnahme-Automobil allererster Güte, das die Tradition der großen Chauffeur-Limousinen der 1920er- und 1930er-Jahre aufgreifen soll. Der erste Kanzler der jungen Bundesrepublik Deutschland, Dr. Konrad Adenauer, ist beim Besuch der IAA von der Neuerscheinung sehr angetan – und wenig später geht eine Bestellung des Kanzleramts ein. Der Dreihunderter ist mit rund fünf Metern Länge durchaus ein großer Wagen – groß, aber alles andere als ein Koloss. Der Hubraum wurde im Vergleich zu den Vorkriegs-Leviathans deutlich reduziert, und die Zylinderzahl ging von acht auf sechs zurück. Bei dem Dreilitermotor des Baumusters M 186 konnte durch brandaktuelle Konstruktionselemente auf das schiere Hubvolumen früherer Tage verzichtet werden. Eine hundertprozentige Neukonstruktion ist der Reihen-Sechszylinder dennoch nicht: Er gründet vielmehr in der Grobstruktur auf dem Block des zu Beginn des Zweiten Weltkriegs noch fertig entwickelten 2,6-Liter-ohv-Motors M 159, der für einen Personenwagen der gehobenen Mittelklasse vorgesehen war, zu dem es aber wegen der Kriegsereignisse nicht mehr kam.

Eines der ersten offiziellen Werkfotos des im April 1951 vorgestellten 300.

Die Untertürkheimer Triebwerkskonstrukteure haben inzwischen alle Register leistungsbetonten Motorenbaus gezogen: oben liegende Nockenwelle, siebenfach in Mehrstoffschalen gelagerte Kurbelwelle, Leichtmetallkolben, nahezu quadratische Auslegung des Bohrung-Hub-Verhältnisses und 12-Volt-Elektrik. Die Kontaktfläche zwischen Motorblock und Zylinderkopf ist um 30 Grad geneigt, um größere Ventile zu ermöglichen. Mitte 1950 läuft der serienreife M 186 in Dauertests auf dem Prüfstand. Dieser Motor leistet mit einer auf den damaligen niederoktanigen Treibstoff ausgelegten, vergleichsweise niedrigen Verdichtung von $\varepsilon = 6{,}4$ bei einer Nenndrehzahl von 4600/min immerhin 115 PS. Bis 6000/min gilt die Maschine als drehfest. Die Gemischversorgung obliegt zwei Solex-Fallstromvergasern der Type 40 PBIC. Das Potenzial ist in hohem Maße ausbaufähig: Der Motor des 300 ist der direkte Stammvater des Hochleistungs-Einspritztriebwerks im legendären 300 SL. Die Zahl 300 am Wagenheck wird zur fixen Größe der Nation. Selbst Leute, für die finanziell noch lange kein Auto – und schon gar kein Mercedes – in greifbare Nähe gerückt ist, sind stolz auf Deutschlands Top-

Ein wahrhaft historisches Fahrzeug, das der gesamten Typenreihe ihren Beinamen verlieh: Der erste 300 des ersten deutschen Bundeskanzlers Konrad Adenauer wurde erstmals am 8. Dezember 1951 zugelassen. Nach einer Odyssee durch das Rheinland und die USA ist der inzwischen vom Hersteller aufwendig restaurierte Wagen heute im Haus der Geschichte in Bonn zu sehen.

Automobil. Das Unwort »Sozialneid« ist noch nicht geschaffen. Das Publikum staunt – nicht nur hierzulande. Auch im Ausland erntet der 300 Anerkennung. Die britische Fachzeitschrift *»The Motor«* bezeichnet ihn in ihrem IAA-Bericht als *»definitely the sensation of the show«*. Aber Deutschlands Stolz wird erst mehr als ein halbes Jahr später an die Besteller ausgeliefert. Im Juli 1951 entstehen weitere Vorserienmodelle, die vom Bundeskanzler anlässlich einer Schwarzwaldreise in Sindelfingen begutachtet werden. Ein dunkelbraunes Exemplar aus der Vorserie wird dem Kanzleramt bis zur Auslieferung des bestellten 300 leihweise zur Verfügung gestellt. Im November 1951 wird zur Produktionsvorbereitung eine Pilotserie von neun Wagen aufgelegt, im Dezember läuft die endgültige Serie mit 39 Exemplaren zögernd an. Eines der ersten Exemplare wird zu Westdeutschlands Dienstwagen Nummer eins, als das Bundeskanzleramt am 8. Dezember 1951 Konrad Adenauers schwarzen Weggefährten erhält – mit Fahrgestellnummer 13, großem Faltschiebedach und Trennscheibe. Ab Januar 1952 verlassen dann pro Arbeitstag planmäßig zehn Wagen die Endmontage.

Mit dem per Lenkradschaltung betätigten Viergang-Vollsynchrongetriebe ist man anfangs offensichtlich nicht so recht glücklich: Innerhalb von nicht einmal zweieinhalb Jahren sind nacheinander vier verschiedene Abstufungen zu registrieren. Das Chassis des 300 entspringt dem von Daimler-Benz ab 1936 stufenweise eingeführten Konzept, das auch bei 170 S und 220 zu finden ist: Der in der Mitte taillierte, geschweißte Ovalrohr-X-Rahmen mit Auslegern zur Aufnahme der Aufbaubefestigung stellt ein sehr steifes Rückgrat dar. Das eng an den Typ 220 angelehnte Fahrwerk mit Zweigelenk-Pendelachse hinten, doppelten, ungleich langen Dreieckslenkern vorn und schräg stehenden Schraubenfedern entspricht der noch aktuellen Stuttgarter Schule. Es wird durch eine vom Armaturenbrett aus elektrisch zuschaltbare, vorgespannte Torsionsstabfederung optimiert. Die Fahrwerkskomponenten gelten als besonders sorgfältig aufeinander abgestimmt. Die Konsequenz ist eine von der Fachpresse als hervorragend anerkannte Straßenlage, verbunden mit einem überdurchschnittlichen Fahrkomfort. Trotz seiner beachtlichen Abmessungen – der 300 ist knapp fünf Meter lang und mehr als 1,80 Meter breit – und des mit rund 1800 Kilogramm in der damaligen Relation ansehnlichen Leergewichts zeigt sich der 300 unerwartet handlich und wendig. Werner Oswald schreibt 1952 in einem Testbericht in *»auto motor und sport«*, der Dreihunderter lasse sich auch im dichtesten Verkehrsgewühl mit sportlichem Temperament bewegen.

Auch in puncto Fahrleistungen stellt sich der 300 recht agil dar: Bis 100 km/h entspricht sein Temperament etwa dem des 220, dann kann er, sofern er das angesichts seiner Noblesse überhaupt will, dem kleineren Bruder davonziehen – und gleichermaßen vielen waschechten Sportwagen der Weltproduktion. Ein Tester der *»Motor-Rundschau«* ermittelt eine Zeit von 19 Sekunden für den Null-auf-hundert-Spurt und eine Höchstgeschwindigkeit von 164 km/h. Die *»ADAC Motorwelt«* ermittelt die Standard-Beschleunigung mit 16,8 Sekunden. Ein von *»auto motor und sport«* geprüftes Exemplar entwickelt mit einem Testverbrauch von 17,3 Litern/100 Kilometer einen gesunden Durst, der aber keineswegs auffällig über der damaligen Norm liegt. Der Tankinhalt von 72 Litern scheint da schon eher als zu eng bemessen. Das 12-Volt-Bordnetz des 300 zählt auch in der obersten Klasse noch keineswegs zu den Selbstverständlichkeiten, solange es noch teure Amerikaner mit Sechs-Volt-Elektrik gibt.

Die von Hermann Ahrens, dem Stilisten der Kompressorwagen, gezeichnete Karosserie des Dreihunderter zeigt sich in schlichter, aber wuchtiger Linienführung zwar konservativ, aber durchaus zeitgemäß. Das dritte Seitenfenster ist ein von der letzten Ausführung des »Großen Mercedes« 770 (W 150) übernommenes Stilelement, das dem 300 exklusiv vorbehalten bleibt und erst wieder bei der nächsten Sonderklasse-Limousine des Typs 600 (W 100) zum Vorschein kommt. Die Kotflügel mit den integrierten Hauptscheinwerfern laufen weich in den Wagenflanken aus und lassen einen Ausblick auf den kommenden Ponton-Look zu. Geboten wird alles, was man von einer Limousine der Sonderklasse erwartet: viel Platz für bis zu sechs Personen, eine gediegene Ausstattung, die serienmäßig ein Paar Nebellampen umfasst, und eine erstklassige Materialauswahl und Verarbeitung. Die – aus heutiger Sicht irreführend – als »Überdruck-Klimaanlage« bezeichnete Heizungs- und Belüftungsanlage stellt ein ausgeklügeltes, höchst wirksames System dar, das selbst in der obersten Wagenkategorie seinesgleichen sucht: Ein leistungsfähiger Defroster sorgt für eine beschlagfreie Windschutzscheibe und der Fußraum im Fond wird mit zwei kräftigen Gebläsen beheizt. Der 300 ist der erste Serien-Mercedes, der – im Gegensatz zur zeitgleich vorgestellten 220-Limousine – rundum mit Blinkern anstelle der Klappwinker ausgerüstet wird. Selbstrückstellend sind sie allerdings noch lange nicht, da sie analog zum 220 durch Verdrehen des Huprings am Lenkrad betätigt werden.

Mit der Lackfarbe DB 516 Mittelrot wurde der 300 nicht allzu häufig bestellt. Dieser 1951 gebaute Wagen zählt zum Fundus des Mercedes-Benz-Museums.

Der 300 ist nicht ausschließlich das Politiker- und Diplomatenauto, als das er heute gilt. Freilich entstammt der heute sogar international gebrauchte Übername »Adenauer« diesem Umfeld, denn der erste Bundeskanzler ist der wohl prominenteste Nutzer dieses Typs mit nacheinander einem 300, einem 300c lang und einem 300d als Kanzlerauto und mehreren weiteren Dreihundertern in der ständigen Fahrbereitschaft des Bundeskanzleramtes. Doch ist der 300 genauso der elegante Reise- und Repräsentationswagen der Wirtschaft und der Spitzen von Kultur und Kunst in der westlichen Hemisphäre – nicht zuletzt auch in den Vereinigten Staaten und in Argentinien.

Während der 300 bei seiner Vorstellung auf der IAA noch mit 18 505 DM kalkuliert war, kostet die Limousine beim Modellwechsel im Frühjahr 1954 19 935 DM. Für diese Summe hätte man auch vier VW-Standard-Käfer bekommen können und noch genügend Benzingeld – den Gegenwert eines halben Käfers – übrig gehabt. Für die Limousine ist auf Sonderwunsch eine Trennscheibe im Stil der Pullman-Limousinen der Vorkriegsjahre lieferbar, um die Diskretion zwischen Herrschaft und Personal zu wahren. Diese Separation schränkt allerdings nicht nur den Verstellbereich der Vordersitze deutlich ein, sondern auch den Fußraum im Fond.

Noch exklusiver als die Limousine ist das nahezu gleichzeitig in Produktion gegangene viertürige Cabriolet D. Dieses hochwertige Automobil kostet anfangs 19935 DM, dann 21600 DM und damit immerhin ein Sechstel mehr als die Limousine, im Frühjahr 1954 gar 23700 DM. Der Gegenwert ist durchaus gegeben: Das Verdeck ist dick gepolstert und wird mithilfe verchromter Sturmstangen bewegt. Türausschnitte und Innenschweller sind – ebenfalls analog zum 220 Cabriolet A – mit verchromten Messingfüllungen beplankt. Während die Instrumententafel auch bei der Limousine Edelholzfurnier aufweist, bietet das Cabrio zusätzlich Ledersitze und Wollteppiche. Man sollte meinen, große viertürige Cabriolets – eine vergleichsweise seltene Bauart – könnten unter Stabilitätsproblemen leiden. Nicht so das 300 Cabriolet D: Hier gibt es keinerlei Schwierigkeiten mit der Verwindungssteifigkeit. Bis zum Modellwechsel im März 1954 sind 5020 Exemplare des Ur-300 entstanden, 455 Cabriolets D und zwei »nackte« Chassis für Sonderkarosserien eingeschlossen.

Mercedes-Benz 300b (W 186 III, 1954/1955)

Im März 1954 folgt der auf den ersten Blick nur geringfügig weiterentwickelte 300b auf den Ur-300. Dem Wunsch nach mehr Temperament wurde durch eine maßvolle Leistungskur entsprochen: Die Verdichtung konnte – nicht zuletzt wegen der verbesserten Klopffestigkeit des Kraftstoffs – auf $\varepsilon = 7{,}5$ angehoben werden. Zwei Solex-Registervergaser der Type 32 PAIAT lassen über den gesamten Drehzahlbereich eine bessere Füllung entstehen. Die damals nur gering verbreitete Startautomatik sorgt für spontaneres Starten und ein geschmeidigeres Kaltlaufverhalten. Die Motorleistung ist auf 125 PS angestiegen – bei sogar abgesenkter Nenndrehzahl. Die Fachzeitschrift *»auto motor und sport«* ermittelt in einem Testbericht einen Durchschnittsverbrauch, der mit 15,6 l/100 km trotz höherer Leistungsausbeute um fast zwei Liter niedriger liegt als der Konsum des Vorgängers. Während sich die Spitzengeschwindigkeit auf dem Vorläuferniveau bewegt, beschleunigt das schwerer gewordene Auto mit 17,7 Sekunden für den Norm-Sprint deutlich flotter. Bei der Bremsanlage hat man einen weiteren Kritikpunkt beseitigt, der den zu hohen Pedaldruck und die dadurch schwierige Dosierbarkeit betraf: Ein von Bosch bezogenes Einkammer-Unterdruck-Servogerät reduziert nun die Pedalkraft merklich. Die Bremsfläche wurde durch breitere Backen um 16 Prozent vergrößert.

Der Karosserie wurde nur milde Modellpflege gewidmet: Von außen fallen die Ausstellfenster an den Vordertüren auf und an den Rädern die viel nobleren Zierblenden mit Luftschlitzen, die nun die ganze Felge abdecken. Mehr der optischen Aufwertung dienen auch die verchromten Steinschlagecken an den hinteren Kotflügeln. Die vorderen Einzelsitze – wahlweise ist auch eine durchgehende Sitzbank lieferbar – tragen nun an den Hinterseiten der Sitzlehnen Gepäcknetze. Die Sonnenblenden sind jetzt gepolstert und die rechte bietet einen Make-up-Spiegel. Die nun gehörnten Stoßstangen – beim Vorgänger wurden nur die Nordamerika-Exportmodelle mit Stoßstangenhörnern ausgerüstet – haben die Gesamtlänge des Wagens um zehn Zentimeter auf 5065 Millimeter anwachsen lassen. Trotz der in engen Grenzen gehaltenen Verbesserungen ist der 300b teurer geworden: Die Limousine kostet jetzt 22000 DM, das Cabriolet D 24700 DM. Nach nur 17-monatiger Bauzeit wird der 300b im August 1955 vom 300c abgelöst. Vom 300b wurden 1785 Einheiten ausgeliefert, darunter 136 Cabriolets D und zehn unkarossierte Fahrgestelle, die beispielsweise für Bestattungswagen vorgesehen sind.

300b als viertüriges Cabriolet D, 1954.

TECHNISCHE DATEN 300 (W 186)

Modell	300	300 Cabriolet D	300b	300b Cabriolet D	300c	300c mit verlängertem Radstand	300c Cabriolet D
Baumuster (Schiebedach)	W 186 II; 186.011 (186.015)	W 186 II; 186.014	W 186 III; 186.011 (186.015)	W 186 III; 186.014	W 186 IV; 186.016 (186.017)		W 186 IV; 186.033
Karosserieform	viertürige Limousine	viertüriges Cabriolet	viertürige Limousine	viertüriges Cabriolet	viertürige Limousine		viertüriges Cabriolet
Bauzeit	11/1951–03/1954	03/1952–03/1954	03/1954–08/1955	04/1954–08/1955	09/1955–07/1957	05/1956–07/1957	12/1955–06/1956
Motor							
Bauart (Viertakt-Otto)	Reihen-Sechszylinder M 186 I		Reihen-Sechszylinder M 186 II				
Hubraum in cm^3	2996						
Bohrung × Hub in mm	85 × 88						
Leistung in PS/kW bei min^{-1}	115/85 bei 4600		125/92 bei 4500				
max. Drehmoment in Nm bei min^{-1}	200 bei 2500		225 bei 2600				
Ventilsteuerung; Ventile pro Zylinder	ohc (1 oben liegende Nockenwelle, Doppelrollenkette); 2						
Gemischaufbereitung	2 Fallstromvergaser Solex 40 PBJC		2 Fallstrom-Registervergaser Solex 32 PAJAT				
Verdichtung	6,4		7,4		7,5		
Elektrik	12 Volt; Batterie 56 Ah		12 Volt; Batterie 70 Ah				
Lichtmaschine	150 Watt						

TECHNISCHE DATEN 300 (W 186)

Modell	300	300 Cabriolet D	300b	300b Cabriolet D	300c	300c mit verlängertem Radstand	300c Cabriolet D
Kraftübertragung							
Getriebe	4-Gang-Schaltgetriebe, voll synchronisiert				4-Gang-Schaltgetriebe, voll synchronisiert; a. W. 3-Stufen-Automatikgetriebe Detroit Gear (Planetengetriebe mit Drehmomentwandler)		
Antrieb	Hinterräder						
Rahmen und Fahrwerk							
Aufbau	Ganzstahlkarosserie						
Rahmen	separater Ovalrohr-X-Rahmen mit Mittelversteifung						
Radaufhängung vorn	einzeln an Doppelquerlenkern						
Radaufhängung hinten	Zweigelenk-Pendelachse				Eingelenk-Pendelachse mit tief liegendem Drehpunkt		
Lenkung	Schneckenlenkung, ab 1952 Kugelumlauflenkung		Kugelumlauflenkung				
Bremsen	hydraulisch; 4 Trommeln		hydraulisch mit Unterdruck-Bremskraftverstärker Bosch; 4 Trommeln		hydraulisch mit Unterdruck-Bremskraftverstärker (bei Linkslenkern Bosch, bei Rechtslenkern Treadle Vac); 4 Trommeln		
Felgengröße	5 K × 15				5½ K × 15		
Bereifung	7.10–15 extra (6 PR)				7.60 S 15 (6 PR)	8.00–15 extra spezial	7.60 S 15 (6 PR)
Maße und Gewichte							
Radstand in mm	3050					3060	3050
Spur vorn/hinten in mm	1480/1525						
Länge/Breite/Höhe in mm	4950/1838/1600	4950/1838/1640	5055/1838/1600	5055/1838/1640	5055/1838/1600	5155/1838/1600	5055/1838/1640

TECHNISCHE DATEN 300 (W 186)

Modell	300	300 Cabriolet D	300b	300b Cabriolet D	300c	300c mit verlängertem Radstand	300c Cabriolet D
Maße und Gewichte							
Leergewicht in kg	1770	1820	1770	1820	1860 (Automatic 1910)	1910 (Automatic 1960)	1940 (Automatic 1990)
Tankinhalt in l	65, ab 02/1952: 72		72				
Leistungsdaten							
Höchstgeschwindigkeit in km/h	155		160		160 (Automatic: 155)		
Beschleunigung 0–100 km/h in sec	18		17		17 (Automatic: 18)		
Kraftstoffverbrauch in l/100 km	13,8		12,5				
Sonstiges							
Stückzahl	4563 + 2 Fahrgestelle	455	1639 + 10 Fahrgestelle	136	1431 + 1 Fahrgestell	7	51
Preis bei Markteinführung	DM 19 900	DM 23 700	DM 22 000	DM 24 700	DM 22 000 (Schaltgetriebe), DM 23 500 (Automatik)	DM 25 000 (Schaltgetriebe), DM 26 500 (Automatik)	DM 24 700 (Schaltgetriebe), DM 26 200 (Automatik)

Mercedes-Benz 300c (W 186 IV, 1955/1956)

Ab September 1955 wird die dritte Auflage des Dreihundert unter der Verkaufsbezeichnung 300c ausgeliefert. Er wird in Prospekttexten auch als »300 Automatic« bezeichnet, denn die neu eingeführte Ausführung mit Automatikgetriebe stellt die Normalversion dar, während die Variante mit Schaltgetriebe nur auf Sonderwunsch geliefert wird. Die Standardisierung der Automatikversion hängt ohne Zweifel mit dem hohen Exportanteil des 300, vor allem mit dem Ziel Nordamerika, zusammen. Die Amerikaner sind es letztlich auch, die über die größte Erfahrung im Großserienbau von Automatikgetrieben verfügen. Deshalb wird der 300c mit einem hydraulischen Drehmomentwandler samt nachgeschaltetem Dreistufen-Planetengetriebe der Type DG 150 M des US-Herstellers Detroit Gear ausgerüstet, einer Tochter des Getriebeautomatik-Weltmarktführers Borg-Warner. Interessant: Der dem 300 im Gesamtkonzept nicht unähnliche britische Jaguar Mk VII ist mit einem Aggregat nahezu identischer Bauart ausgerüstet. Wähnt man sich in Untertürkheim hinsichtlich der Exportchancen gegenüber Coventry etwa im Zugzwang? Denn der sportlich-konservativ angehauchte Engländer ist im Export bis zu 5000 DM billiger als die jeweils entsprechende Version des 300. Kein Wunder, dass weltweit mehr als dreimal so viele Mk VII verkauft werden wie 300 und 300b – knapp hundert sind es selbst in Deutschland!

Der Wählhebel des Automatikgetriebes nimmt die gewohnte Schalthebelposition unter dem Lenkrad ein. Die Wählskala ist oben auf der Lenksäule platziert. Der Automatik-300c wird wie manche US-Personenwagen angelassen, indem der Wählhebel in Stellung

300c von 1955 mit dem vergrößerten Rückfenster. Nicht zu sehen: die neue Eingelenk-Pendelachse.

Null – nach heutiger Diktion Position N – nach vorn gedrückt wird. Ob das US-Getriebe mit der nicht besonders drehmomentstarken Dreiliter-Maschine optimal harmoniert, bleibt zu diskutieren – Schaltstöße sind immerhin deutlich wahrzunehmen. Das breite Bremspedal des 300c erinnert an amerikanische Gepflogenheiten und stellt eine Konzession an den Hauptexportmarkt dar.

Zwar bot Borgward bereits 1953 den in sehr überschaubarer Stückzahl gebauten Hansa 2400 auf Sonderwunsch mit seinem im eigenen Haus entwickelten, höchst anfälligen Strömungsgetriebe »Hansamatic« an, doch in die Auto-Annalen hat sich eher der 300c als erster deutscher Serienwagen mit gebrauchstauglicher Getriebeautomatik eingetragen – freilich mit dem bitteren Beigeschmack der trostlosen Ersatzteilsituation in der Gegenwart. Da das hydraulische Getriebe im Leerlauf durch das Restmoment des Wandlers – besonders in der Kaltlaufphase mit einer durch die Startautomatik erhöhten Drehzahl – ein »Kriechen« des Wagens verursacht und ein Festhalten mit der Bremse erfordert, wird eine Kriechsperre eingebaut: Bei stehendem Wagen – beispielsweise vor einer roten Ampel – wird die Fußbremse kurz angetippt. Die Hinterradbremsen bleiben unter mäßigem Druck, und erst das Gasgeben beim Anfahren löste die Sperre wieder. Das Bremssystem des 300c bedurfte gegenüber dem 300b keiner Verbesserung, jedoch werden rechtsgelenkte Wagen mit einer britischen Treadle-Vac-Bremshilfe anstelle des Bosch-Servogeräts ausgeliefert. Der 125-PS-Motor des 300c entspricht mit Ausnahme einer veränderten Düsenbestückung der beiden Solex-Registervergaser 32 PAIAT dem Vorgängertriebwerk.

Geradezu einer Umwälzung kommt dagegen die neue Hinterachse gleich: Der 300c verfügte über die Eingelenk-Pendelachse mit tief liegendem Drehpunkt und zwei Schubstreben, die im Prinzip im März 1954 beim Ponton-220a vorgestellt wurde. Diese Bauart weist gegenüber der Zweigelenk-Schwingachse deutlich verbesserte Spur- und Sturzkonstanz auf. Erstmals tauchte diese Konstruktion 1952 als »Zentralgelenk-Schwingachse« beim Mercedes-Grand-Prix-Rennwagen W 196 auf. Dass der 300c nun ein weitaus gutmütigeres Fahrverhalten an den Tag legt als seine Vorgänger und durch den stärker ausgeprägten

Dienstwagen des Kanzleramtes, ausgeliefert im Mai 1956: 300c mit verlängertem Radstand, Trennscheibe und großem Faltschiebedach.

Abstützeffekt deutlich höhere Kurvengeschwindigkeiten erreicht, liegt nahe. Ein Übersteuern kann nur noch gewollt provoziert werden und ist leicht kontrollierbar. Dem höheren Wagengewicht – die Automatik-Limousine wiegt leer 1910 Kilogramm! – wird mit breiteren Felgen ($5^1/_2$ K × 15 statt dem 5-Zoll-Felgenbett) und voluminösere Reifen der Dimension 7.60 S 15 (statt 7.10–15 extra) gerecht. Die vom Fahrersitz aus elektrisch bedienbare Torsionsstab-Zusatzfederung ist erhalten geblieben. Nach einem in dem Fachblatt *»auto motor und sport«* erschienenen Testbericht zeigt sich der 300c als der wirtschaftlichste der bisher geprüften Dreihunderter: Trotz der wenig konsum- und leistungsfreudigen Wandler-Automatik wird ein Testverbrauch von 14,8 l/100 km ermittelt. Die Fahrleistungen liegen nur geringfügig unter denen des gleich starken 300b.

Äußerlich ist der 300c am deutlich vergrößerten Rückfenster zu erkennen, sonst erfuhr die Karosserie kaum ein Lifting. Im Juni 1956 wird die Produktion des Cabriolet D eingestellt. Dafür erscheint einen Monat später – angeblich auf Anregung des Bundeskanzlers hin – eine Langversion des 300c. Dr. Konrad Adenauer soll jedenfalls nicht überglücklich mit den Dimensionen des Dreihundert gewesen sein, daher wird ihm im Nachhinein das angeblich in Untertürkheim geäußerte Zitat *»Hamse nich wat Jrößeres?«* unterlegt. Diese im Radstand um zehn Zentimeter gestreckte Sonderausführung der Limousine mit Trennscheibe bietet im Fond eine um 14 cm gewachsene Beinfreiheit. Die Trennwand wirkt nun weniger hinderlich. In der Sonderausstattungsliste erscheint erstmals ein Stahlschiebedach. Der 300c ist der erste deutsche Wagen, der mit einer Zentralverriegelung ausgerüstet werden kann, die elektromagnetisch betätigt wird. Während die Schaltgetriebe-Version der Limousine den Listenpreis des 300b beibehalten hat, kostet der 300c Automatic 23500 DM, das Cabriolet D 24700 DM bzw. 26200 DM und die Langversion 25000 DM bzw. 26500 DM. Als der 300c im Juli 1957 aus der Fertigung genommen wird, sind 1432 Limousinen inklusive eines teilkarossierten Chassis, sieben 300c lang und 51 Cabriolets entstanden. Von den drei Baureihen des Baumusters W 186 sind damit insgesamt 8244 Einheiten gebaut worden, darunter 642 Exemplare des exklusiven viertürigen Cabriolet D.

Finale mit Dora

Mercedes-Benz 300d (W 189, 1957–1962)

Mit dem 300d, der im November 1957 nach dreimonatiger schöpferischer Pause den 300c ablöst, geht die klassische »Adenauer-Ära« in ihre letzte Runde. Gemäß deutschem Buchstabieralphabet wird Opus vier unter Insidern wegen des Suffix »d« als »Dora« bezeichnet. Am neuen Baumuster-Code W 189 ist zu erkennen, dass die Entwicklung des 300d deutlich über ein Facelifting hinausgeht. Der 300d ist zwar auf dem Chassis der Langversion des 300c konzipiert worden, ist aber um 12,5 Zentimeter länger und um je zwei Zentimeter breiter und höher als seine Vorgänger. Komplett neu – wenn auch in der Grobstruktur der Linienführung vertraut – ist die unter der Ägide von Karl Wilfert entstandene Karosserie der viertürigen, völlig pfostenlosen Hardtop-Limousine mit ringsum versenkbaren Seitenscheiben. Von einer »Vollsicht-Karosserie« spricht man in Stuttgart. Der anmutig, luftig-leicht gestaltete Pavillon mit seiner mehr als zwei Quadratmeter großen Glasfläche stellt eine Konzession an den Geschmack des wichtigen nordamerikanischen Exportmarktes dar. In der Frontansicht mit den vorgezogenen Chromzierringen an den Scheinwerfern und in der Heckgestaltung mit den senkrechten Leuchteinheiten, die mit den eleganten Rückleuchten der Ponton-Coupés und -Cabriolets baugleich sind und nun integrierte Rückfahrscheinwerfer aufweisen, wirken die Wagen insgesamt kantiger. Die mit einem Hauch von Heckflosse modellierten hinteren Kotflügel und die Panorama-Heckscheibe sind transatlantisch beeinflusste Stilelemente. Die Stoßstangen reichen nun weiter um das Wagenheck herum. Die Innenraumlänge hat nochmals um 14 Zentimeter zugenommen.

Auch das grundsätzlich mit einer Getriebeautomatik gekoppelte Triebwerk des 300d – ein mechanisches Getriebe ist wiederum nur auf Sonderwunsch lieferbar – ist in vielen Details überarbeitet worden. Diesmal geschah das so gründlich, dass auch für den Motor ein neuer Baumuster-Code eingeführt wurde: M 189 statt M 186. Hauptmerkmal ist die Gemischaufbereitung in Form einer mechanisch gesteuerten Bosch-Einspritzanlage. Anders als beim Sportwagen 300 SL mit seiner leistungsorientierten Direkteinspritzung verwendet man beim 300d die geschmeidiger arbeitende intermittierende Saugrohreinspritzung. Mit einer Verdichtung von $\varepsilon = 8{,}55$ beläuft sich die Motorleistung auf 160 PS, die allerdings erst bei 5300/min zur Verfügung stehen. Die Höchstgeschwindigkeit liegt nun entsprechend bei 165 km/h, während Wagen mit mechanischem Getriebe 170 km/h erreichen. Beschleunigung und Kraftstoffverbrauch haben sich gegenüber den Werten des 300c nicht geändert. Mehr Temperament ist auch nicht zu erwarten, da die größer gewordenen Autos

Der 300d baut auf der Langversion seines Vorgängers 300c auf.

Die Seitenscheiben der Hardtop-Limousine sind voll versenkbar.

TECHNISCHE DATEN 300d			
Modell	**300d**	**300d Cabriolet D**	**300d Sonderausführung mit verlängertem Radstand**
Baumuster (Schiebedach)	W 189; 189.010 (189.011)	W 189; 189.033	W 189; 189.010
Karosserieform	viertürige Limousine	viertüriges Cabriolet	viertürige Limousine bzw. Landaulet
Bauzeit	11/1957–03/1962	07/1958–02/1962	12/1960–02/1961
Motor			
Bauart (Viertakt-Otto)	Reihen-Sechszylinder M 189 I		
Hubraum in cm^3	2996		
Bohrung × Hub in mm	85 × 88		
Leistung in PS/kW bei min^{-1}	160/118 bei 5300		
max. Drehmoment in Nm bei min^{-1}	242 bei 4200		
Ventilsteuerung; Ventile pro Zylinder	ohc (1 oben liegende Nockenwelle, Doppelrollenkette); 2		
Gemischaufbereitung	mechanisch geregelte, intermittierende Saugrohr-Benzineinspritzung mit 6-Stempel-Pumpe		
Verdichtung	8,55		
Elektrik	12 Volt; Batterie 70 Ah		
Lichtmaschine	300 Watt		
Kraftübertragung			
Getriebe	Serie: 3-Stufen-Automatikgetriebe (Planetengetriebe mit hydraulischem Drehmomentwandler); a. W. 4-Gang-Schaltgetriebe, voll synchronisiert		
Antrieb	Hinterräder		
Rahmen und Fahrwerk			
Aufbau	Ganzstahlkarosserie		
Rahmen	separater Ovalrohr-X-Rahmen mit Mittelversteifung		
Radaufhängung vorn	einzeln an Doppelquerlenkern		
Radaufhängung hinten	Eingelenk-Pendelachse		
Lenkung	Kugelumlauflenkung		
Bremsen	hydraulisch mit Unterdruck-Bremskraftverstärker; 4 Trommeln		
Felgengröße	5½ K × 15		
Bereifung	7.60 S 15 extra (6 PR)		8.00–15 extra spezial

TECHNISCHE DATEN 300d			
Modell	**300d**	**300d Cabriolet D**	**300d Sonderausführung mit verlängertem Radstand**
Maße und Gewichte			
Radstand in mm	3150		3600
Spur vorn/hinten in mm	1480/1525		
Länge/Breite/Höhe in mm	5190/1860/1620		5640/1995/1720
Leergewicht in kg	2000 (mit Schaltgetr. 1950)	2080 (mit Schaltgetr. 2030)	2365
Tankinhalt in l	72, ab 07/1958: 78		78
Leistungsdaten			
Höchstgeschwindigkeit in km/h	165 (mit Schaltgetriebe 170)		k. A.
Beschleunigung 0–100 km/h in sec	18 (mit Schaltgetr. 17)		k. A.
Kraftstoffverbrauch in l/100 km	15,8		k. A.
Sonstiges			
Stückzahl	3073 + 1 Fahrgestell	65	1 Limousine, 2 Landaulets
Preis bei Markteinführung	DM 28 500 (mit Schaltgetriebe DM 27 000)	DM 37 000 (mit Schaltgetriebe DM 35 500)	Einzelanfertigungen, kein Listenpreis

auch an Gewicht zugenommen haben: Leer bringt der 300d ausstattungsbereinigt 2000 Kilogramm auf die Waage.

Im Herbst 1958 wird die Sonderausstattungsliste im Hinblick auf den US-Markt ergänzt: Neben der in den Vereinigten Staaten lange entbehrten Klimaanlage bietet man nun – allerdings auf Fahrzeuge mit Linkslenkung beschränkt – eine Servolenkung an. Dabei handelt es sich um eine ZF-Hydrolenkung nach amerikanischer Saginaw-Gemmer-Lizenz, die von einer britischen Vickers-Hochdruck-Ölpumpe gespeist wird.

Im Herbst 1959 wird die Serienausstattung im Rahmen der Modellpflege aktualisiert: Die Lenkradnabe weist nun eine gepolsterte Prallplatte auf. Die elektrische Pumpe des Scheibenwaschers wird über einen Fußkontakt bedient. Lichthupe und Dreiklangfanfare – über einen Hebel bedient – zählen nun zur Grundausstattung.

Im Sommer 1958 gibt es nach zweijähriger Abstinenz auch auf Basis des 300d wieder ein viertüriges Cabriolet D – offensichtlich eine Reaktion auf die Bedürfnisse des amerikanischen Marktes. Dieser »Sonderwagen« Ahrensscher Prägung ist ausschließlich auf Sonderbestellung lieferbar. Nahezu die gesamte Produktion dieser mit einem Listenpreis von 37 000 DM enorm teuren Wagen – selbst die solitären Spitzenmodelle 300 Sc und 300 SL sind preisgünstiger – wird in den USA verkauft. Kaum zu glauben: Auch die Botschaft der Volksrepublik China in der Schweiz bestellt solch ein Auto.

Im März 1962 endet die Ära der viertürigen Luxusgeschöpfe der obersten Wagenkategorie – allerdings

Vom viertürigen Cabriolet D des 300d entstanden 65 Exemplare.

Die um 45 cm verlängerte Pullman-Limousine mit erhöhtem Dach blieb ein Einzelstück.

Das 1960 an den Vatikan gelieferte Landaulet mit Thronsessel im Fond war 5,64 m lang und wurde als »Papamobil« bekannt.

nur vorübergehend: Zu diesem Zeitpunkt ist die Entwicklung des 600 (W 100) schon nahezu abgeschlossen, der Große läuft längst im Straßenversuch. Vom 300d sind 3142 Exemplare entstanden: 3073 Limousinen, 65 Cabriolets D und vier Fahrgestelle, von denen eines bei Binz in Lorch als Edel-Ambulanz für die Schweiz eingekleidet wird und drei Stück im Jahre 1960 nach Verlängerung des Radstands im Werk karossiert werden – eines als Pullman-Limousine mit erhöhtem Dach und zwei als Landaulets mit Klappverdeck über dem Fond. Eines dieser Einzelstücke wird als »Papamobil« für Papst Johannes XXIII. an den Vatikan geliefert, das andere verbleibt als hochrangiger Leihwagen zusammen mit der Paradelimousine im Werksbesitz.

Der schwäbische Apoll

Mercedes-Benz 300 S (W 188 I, 1951–1955)

Knapp ein halbes nach der Vorstellung des »Adenauer« landet Daimler-Benz im Oktober 1951 beim Pariser Autosalon einen weiteren Paukenschlag und setzt mit dem 300 S eine neue Bestmarke im Automobilgeschäft der eleganten Welt. Der auf Basis des 300 entwickelte 300 S ist kein teures Repräsentationsautomobil im üblichen Sinn, sondern ein leistungsfähiges, sportlich angehauchtes Luxusgeschöpf für schnelles Reisen zu zweit – obwohl er ausdrücklich in zwei- bis dreisitziger Konfiguration vorgestellt wird. Das strapazierte Prädikat »Gran Turismo« liegt nahe. Dieser Superlativ von einem Automobil wird zeitlebens die Rolle eines exklusiven Liebhaberstücks auf hohem Preisniveau innehaben. In der internationalen Fachpresse wird dem 300 S für jene Jahre unerwartete Anerkennung und Bewunderung gezollt. Ein Schweizer Blatt bezeichnet ihn als »Wagen der Weltelite«.

Schon vom äußeren Eindruck her entspricht er diesem Prädikat voll und ganz: Hermann Ahrens hat mit hinreißenden Formen und ausgewogenen Proportionen wiederum ein Meisterstück gezeichnet. Die Eleganz der Vorkriegsjahre hat eine Fortsetzung gefunden. Handwerklich betonter Karosseriebau folgt klassisch-konservativem Styling innerhalb jener unter dem Stuttgarter Stern sprichwörtlich gewordenen »Rufweite der Mode«. Zwischen dem langen Bug, der optisch durch die lang gezogenen Vorderkotflügel gestreckt wird, und dem ausladenden, auf elegante Weise flacher werdenden Heck nimmt das Passagierabteil weniger als ein Drittel der Wagenlänge ein. Der aggressive Spitzkühler erinnert stark an die Kompressormodelle vom Naturell eines 540 K.

Im Sommer 1952 geht der 300 S in Serie. Chassis und Fahrwerk entsprechen weitgehend der Technik der Adenauer-Limousine, allerdings ist der Radstand dem sportiven Charakter entsprechend um 15 cm und die Gesamtlänge um 25 cm verkürzt worden. Dagegen sind vordere und hintere Spurweite identisch. Obwohl der 300 S nur zwei Zentimeter breiter als die 300er-Limousine ist, wirkt er in der Frontansicht ungleich imposanter – eine Folge der mit 13 cm merklich verringerten Fahrzeughöhe. Nicht abgenommen hat hingegen das Leergewicht. Die Torsionsstab-Zusatzfederung des 300 ist im 300 S nicht zu finden, obwohl sie bis kurz vor Fertigungsstart vorgesehen war. Der 300 S ist mit der Dimension 6.70–15 schmaler bereift als die Limousine, doch deren Bremsanlage wurde

300 S als zweisitziges Cabriolet, 1952.

Ein 300 S Cabriolet A aus dem Besitz von Mercedes-Benz Classic.

Das Verdeck des 300 S Roadster ist voll versenkbar.

Die häufigste Bauform des 300 S war das Coupé, von dem 216 Exemplare entstanden.

übernommen. Im März 1954 erhält der 300 S analog zum 300b das Bosch-Servo-Bremsgerät und verrippte Bremstrommeln. Die Hinterachse ist mit i = 4,125 gegenüber i = 4,44 etwas länger übersetzt als der Achsantrieb des 300, um das Drehzahlniveau im oberen Geschwindigkeitsbereich zu senken. Drei Karosserien werden angeboten: ein schickes Coupé, traditionell ein Cabriolet A mit den außen liegenden Sturmstangen am wattierten Verdeck und ein formal besonders gelungener Roadster mit voll versenkbarem, ungefüttertem Faltdach.

Der Dreiliter-Motor M 188 ist dem Charakter des Wagens angepasst worden. Die Verdichtung wurde auf ε = 7,8 erhöht. Von den aus dem 300 geläufigen Solex-Dreidüsen-Fallstromvergasern der Type 40 PBIC hat der 300 S drei Stück unter einem gemeinsamen Luftfilter. 150 PS bei 5000/min ermöglichen eine Spitze von mehr als 175 km/h und eine Beschleunigung von 15 Sekunden, um aus dem Stand 100 km/h zu erreichen. Der 300 S ist damit mit Abstand der schnellste deutsche Serienwagen, denn die Serienausführung des 300 SL ist noch lange nicht in Sicht. Er spielt zusammen mit den ersten Ferrari-Zwölfzylindern in einer Liga – auch vom Preis her: Alle drei Varianten kosten einheitlich 34 500 DM und sind damit dreieinhalb Mal so teuer wie ein 170 S, der immerhin einen vollwertigen Wagen der oberen Mittelklasse verkörpert. Nach heutiger Kaufkraft würde das dem Gegenwert des auch im Charakter vergleichbaren Bentley Continental GT Speed entsprechen – oder aber dem Mercedes CL 65 AMG. Der 300 S ist mehr als ein Jahrzehnt lang Deutschlands teuerstes Auto. Selbst die beiden Versionen des ab Herbst 1954 erhältlichen 300 SL sind deutlich preisgünstiger. Der Ausnahmestatus des 300 S ist auch in dieser Relativierung erkennbar. Da bleibt das Produktionsergebnis naturgemäß in einem überschaubaren Rahmen: 560 Exemplare sind entstanden – 216 Coupés, 203 Cabriolets und 141 Roadster. Vergleicht man diese Stückzahlen mit heutigen Produktionsziffern selbst in der Luxusklasse, wird der Status des Hochkaräters schnell klar. Zwei Fünftel der Produktion – 219 Wagen – werden vom New Yorker Importeur Max Hoffman in die USA eingeführt. Viele weitere verlassen Europa in den Fünfziger- und Sechzigerjahren als Gebraucht-Exporte von US-Armeeangehörigen.

Mercedes-Benz 300 Sc (W 188 II, 1955–1958)

Im September 1955 wird die Lilie gar vergoldet, als bei der IAA in Frankfurt mit dem 300 Sc die noch distinguiertere Weiterentwicklung des 300 S debütiert. Das analog zum 300 nur werksintern und im Kundendienstbereich, nicht aber in den Verkaufsunterlagen benutzte Suffix »c« in der Typenbezeichnung soll die parallel zum 300c vollzogene Weiterentwicklung ausdrücken. Im Gegensatz zum Adenauer ist eine Evolutionsstufe »b« nie vorgesehen gewesen – einen 300 Sb hat es trotz entsprechender Behauptung in heutigen Typologien nicht einmal als Projekt gegeben. Die Fertigung des 300 Sc wird im Dezember 1955

300 Sc Coupé von 1956. Der Zierrat wurde gegenüber dem 300 S vermehrt.

Der formvollendete 300 Sc Roadster wurde nur 53-mal gebaut.

aufgenommen – von einer regelrechten Serienproduktion kann jedoch keine Rede sein, denn das edle Automobil tröpfelt in noch homöopathischeren Dosen auf den Markt als sein Vorgänger.

Äußerlich wird der 300 Sc durch die verchromten Lochscheibenräder, weiteren Chromzierrat ringsum, Ausstellfenster an den Türen und die thermisch notwendigen doppelten Entlüftungskiemen an den Flanken der Motorhaube aufgewertet. Wuchtigere Stoßstangen und der fragwürdige Radlaufchrom erscheinen dabei nicht unbedingt geschmackssicher. Wenig dezent wirkt auch der lange Heckschriftzug »Einspritzmotor« über der hinteren Stoßstange – obwohl er auf das eigentliche Sahnestück hinweist: auf das Triebwerk mit dem Code M 199. Dabei handelt es sich im Prinzip um nichts Geringeres als um den auf 175 PS gedrosselten und dadurch nahezu domestizierten ohc-Motor aus dem 300 SL Flügeltüren-Coupé. Die prägnanten Hauptmerkmale dieses Prachtstücks sind auch im 300 Sc zu finden – zunächst die mehr auf Effektivität denn auf eine seidenweiche Laufcharakteristik zugeschnittene Direkteinspritzung mit Bosch-Sechsstempelpumpe. Wirtschaftliche Abwägungen hatten ergeben, dass die Dreivergaser-Anlage des 300 S nicht sehr viel billiger war als die Benzineinspritzung. Günstigere Teillastverbräuche, eine deutlich verbesserte Elastizität und die Vermeidung der ungleichmäßigen Gemischverteilung durch die unterschiedlich langen Saugwege der Vergasermotoren stellten plausible Argumente für den Einspritzer dar.

Ein weiteres Hochleistungs-Attribut ist die bisher nur im Rennwagenbau verwendete Trockensumpfschmierung, hier mit nur neun statt elf Litern Ölinhalt. Allerdings ist die Maschine im Sc aufrecht eingebaut und nicht um 30 Grad geneigt wie im 300 SL. Der Bassbariton seiner Aussprache ist aber fast genauso deutlich zu vernehmen wie beim Flügeltürer.

Das Getriebe wurde im Vergleich zum 300 S enger gestuft, die Lenkradschaltung aber beibehalten. Die Modifikationen am Fahrwerk entsprechen weitgehend den zeitgleich beim 300c eingeführten Abwandlungen, vor allem die Eingelenk-Pendelachse mit tief gelegtem Drehpunkt. Die aus einem Leichtmetall-Grauguss-Verbundwerkstoff gefertigten Bremstrommeln bieten nun zehn Zentimeter breiten Bremsbelägen Platz. Der bisherige Bosch-Bremskraftverstärker wurde durch das wirkungsvollere ATE-Hydrovac-Bremsgerät ersetzt. Warum allerdings die Reifenbreite noch einmal (auf die Dimension 6.50–15) reduziert wurde, ist nicht zu begreifen.

Der Einheitspreis der drei Karosserievarianten des 300 Sc beläuft sich auf 36 500 DM – nicht gerade die Basis einer wirtschaftlichen Fertigungsrate, die ohnehin drastisch sinkt: 1957 wird nur noch ein Wagen pro Arbeitswoche gebaut, 1958 sogar lediglich ein Exemplar im Monat. Als im April 1958 der letzte 300 Sc ausgeliefert wird – ein Coupé mit Stahlschiebedach für einen amerikanischen Kunden –, sind exakt 200 Exemplare dieses grandiosen Wagens entstanden: 98 Coupés, 53 Roadster und 49 Cabriolets A. Der 300 S verkörperte zweifellos schon zu Lebzeiten eine Rarität, der 300 Sc hingegen wird geradezu zum Weißen Elefanten. Beide haben aber eines gemeinsam: eine weit überdurchschnittliche Quote an Überlebenden.

TECHNISCHE DATEN 300 S/Sc

Modell	300 S Cabriolet A	300 S Coupé	300 S Roadster	300 Sc Cabriolet A	300 Sc Coupé	300 Sc Roadster
Baumuster	W 188 I; 188.010	W 188 I; 188.011	W 188 I; 186.012	W 188 II; 188.013	W 188 II; 188.014	W 188 II; 188.015
Karosserieform	zweitüriges Cabriolet	zweitüriges Coupé	zweitüriger Roadster	zweitüriges Cabriolet	zweitüriges Coupé	zweitüriger Roadster
Bauzeit	06/1952–07/1955	08/1952–08/1955	09/1952–06/1955	01/1956–07/1957	12/1955–04/1958	01/1956–02/1958
Motor						
Bauart (Viertakt-Otto)	Reihen-Sechszylinder M 188			Reihen-Sechszylinder M 199		
Hubraum in cm^3	2996					
Bohrung × Hub in mm	85 × 88					
Leistung in PS/kW bei min^{-1}	150/110 bei 5000			175/129 bei 5400		
max. Drehmoment in Nm bei min^{-1}	224 bei 3800			260 bei 4300		
Ventilsteuerung; Ventile pro Zylinder	ohc (1 oben liegende Nockenwelle, Doppelrollenkette); 2					
Gemisch-aufbereitung	3 Fallstromvergaser Solex 40 PBJC			mechanisch geregelte Benzin-Direkteinspritzung mit Bosch 6-Stempel-Pumpe		
Verdichtung	7,8			8,55		
Elektrik	12 Volt; Batterie 56 Ah			12 Volt; Batterie 70 Ah		
Lichtmaschine	150 Watt			300 Watt		
Kraftübertragung						
Getriebe	4-Gang-Schaltgetriebe, voll synchronisiert					
Antrieb	Hinterräder					
Rahmen und Fahrwerk						
Aufbau	Ganzstahlkarosserie					
Rahmen	separater Ovalrohr-X-Rahmen mit Mittelversteifung					

TECHNISCHE DATEN 300 S/Sc						
Modell	**300 S Cabriolet A**	**300 S Coupé**	**300 S Roadster**	**300 Sc Cabriolet A**	**300 Sc Coupé**	**300 Sc Roadster**
Radaufhängung vorn	einzeln an Doppelquerlenkern					
Radaufhängung hinten	Zweigelenk-Pendelachse			Eingelenk-Pendelachse mit tief liegendem Drehpunkt		
Lenkung	Kugelumlauflenkung					
Bremsen	hydraulisch; 4 Trommeln; ab 1954 mit Unterdruck-Bremskraftverstärker			hydraulisch, mit Unterdruck-Bremskraftverstärker; 4 Trommeln		
Felgergröße	5 K × 15					
Bereifung	6.70–15 extra (6 PR)					
Maße und Gewichte						
Radstand in mm	2900					
Spur vorn/hinten in mm	1480/1525					
Länge/Breite/Höhe in mm	4730/1910/1510			4700/1916/1510		
Leergewicht in kg	1740		1760	1780		
Tankinhalt in l	85					
Leistungsdaten						
Höchstgeschwindigkeit in km/h	175			180		
Beschleunigung 0–100 km/h in sec	15			14		
Kraftstoffverbrauch in l/100 km	13,8			12,5		
Sonstiges						
Stückzahl	203	216	141	49	98	53
Preis bei Markteinführung	DM 34 500			DM 36 500		

Spitzensportler, Traumwagen und Anlageobjekt

Mercedes-Benz 300 SL (W 198 I, 1954–1957)

Was das erst zart aufblühende Wirtschaftswunder nicht fertigbringt, bewirkt der Sport. 1954 ist für das Selbstbewusstsein der Deutschen in der jungen Bundesrepublik ein Schlüsseljahr: Gewinn der Fußball-Weltmeisterschaft in Bern, erster Grand-Prix-Sieg nach dem Krieg durch Mercedes-Benz in Reims – und der Verkaufsstart des Mercedes-Supersportwagens 300 SL. Dieser ikonenhafte Meilenstein der Automobilgeschichte – im deutschsprachigen Raum als »Flügeltürer« oder kurz »Flügel«, in den USA als *»Gullwing«* (Möwenschwinge) und im frankophonen Sprachraum als *»Papillon«* (Schmetterling) legendär geworden – wird 45 Jahre später von einem Expertenteam zum »Sportwagen des Jahrhunderts« erkoren werden.

Dieses Auto, das zum Ausstattungselement der Reichen, Schönen und Schnellen dieser Erde wird, hat seine Karriere ganz anders begonnen – als ebenso erfolgreiches wie kompromissloses Sportinstrument. In Gang gesetzt wurde die Evolution des 300 SL, dessen Typenbezeichnung außer der üblichen Andeutung des Hubraums die Attribute »Sport« und »Leicht« vermittelt, bereits 1949, als eine leichte Sportversion des in Entwicklung befindlichen 300 angedacht wird. Man hofft, damit zum internationalen Rennsport zurückkehren zu können. 1950 wird das Konzept immer fester umrissen. Auch eine Alternative mit dem 2,2-Liter-Sechszylinder des kommenden W 187 befindet sich in der Vorentwicklung, wird aber verworfen. Im Januar 1952 tauchen erste Hinweise auf einen echten, kompromisslosen Mercedes-Sportwagen auf Basis des 300 S auf – mit dem historisch fragwürdig gewordenen Kürzel 300 SS, aber auch als 300 L.

Am 12. März 1952 erfolgt das offizielle Debüt des 300 SL, der wohlgemerkt keineswegs als Serienfahrzeug in Kundenhand vorgesehen ist. Auf einem noch nicht offiziell eröffneten Teilstück der heutigen A 81 Stuttgart-Heilbronn wird er der Fachpresse, die sich in höchstem Maße enthusiastisch zeigt, vorgestellt.

Der »Sportwagen des Jahrhunderts« in seiner natürlichen Anmut.

Der Vater des 300 SL, Rudolf Uhlenhaut, 1952 mit der ursprünglichen, nicht käuflichen Wettbewerbsversion W 194.

175 PS sollen das nur 840 Kilo schwere, niedriger als ein Porsche 356 gestaltete und im Windkanal der TH Stuttgart aerodynamisch optimierte Coupé mit Aluminiumkarosserie auf 240 km/h beschleunigen. Man bedenke, dass die damaligen Mittelklassewagen kaum 120 km/h zuwege bringen. In dieser Relation auf die heutige Zeit übertragen, müsste ein aktueller straßentauglicher Sportwagen dieses Genres eine Spitze von mindestens 420 km/h erreichen! Die Beschleunigung von null auf 100 km/h wird für den Ur-300 SL mit »unter sieben Sekunden« angegeben.
Der 170-Liter-Tank deutet auf die Absicht hin, diesen Typ bei Langstreckenrennen einzusetzen. Der Motor ist im Grunde das aufwendig leistungsgesteigerte Adenauer-Aggregat, der robuste ohc-Sechszylinder mit Doppelrollenkette, der mit $\varepsilon = 8:1$ aber relativ zivil verdichtet ist. Da sein tiefer Einbau die Verwendung einer herkömmlichen Ölwanne verbietet, kommt eine Trockensumpfschmierung zum Einsatz. Dazu ist der Sechszylinder bereits – wie später beim endgültigen SL – um 40 Grad nach links geneigt eingebaut, um eine flachere Motorhaube zu ermöglichen. Die Radaufhängungen entsprechen denen des 300. Spektakulärer ist das Chassis – ein mit 50 kg ebenso leichter wie torsionsfester Gitterrohrrahmen, der der endgültigen Version schon sehr nahe kommt, aber mit 88 cm Bordhöhe keine konventionellen Türen zulässt. Fahrer und Copiloten steigen akrobatisch durch seitliche Klappfenster ein. Von dieser Baumusterfamilie W 194 entstehen bis 1953 zehn Wagen, einige davon als offene Roadster karossiert. Sie sind während ihrer kurzen Dienstzeit vor allem in der Saison 1952 außerordentlich erfolgreich, verpassen knapp den Gesamtsieg bei der Mille Miglia, belegen aber in Bern-Bremgarten, bei den 24 Stunden von Le Mans und am Nürburgring jeweils mindestens die beiden ersten Plätze. Höhepunkt ist aber der legendäre Doppelsieg bei der mörderischen Carrera Panamericana in Mexiko.

Das Skelett des 300 SL: der ebenso leichte wie verwindungssteife Gitterrohrrahmen.

1953 wird unter dem gleichen Baumuster-Code ein elfter 300 SL als Einzelstück gebaut, für den aufgrund der Vielzahl technischer (und formaler) Abweichungen eigentlich der Code W 198 vorgesehen war. Dieses später als Interimsmodell, werksintern auch salopp als »Hobel« bezeichnete Auto weist mit einer Eingelenk-Pendelachse in Transaxle-Bauweise mit angeflanschtem Getriebe und Benzineinspritzung hypermoderne Details auf, wird aber trotz überlegener, wegweisender Qualitäten nicht im Motorsport eingesetzt, weil alle Energie dem Grand-Prix-Programm gewidmet wird. Die Mühe ist aber nicht vergebens: In den USA – immerhin Haupt-Zielland für den Export – bleiben die Erfolge des 300 SL nicht unbemerkt. Dort hegt der große Impresario für den Import europäischer Sportwagen, Maximilian »Maxie« E. Hoffman, innige Verbindungen nach Untertürkheim. Er besitzt die Mercedes-Vertriebsrechte für die Vereinigten Staaten, setzt dort nicht wenige Autos mit dem Stern ab und ist deshalb durchaus in der Lage, Einfluss auf die Stuttgarter Modellpolitik zu nehmen. Von ihm stammt der Vorschlag, eine zivile Serienversion des 300 SL aufzulegen. Angeblich lässt er sich eine Option für 1000 Wagen dieser Bauart einräumen.
Sein Ansinnen wird im September 1953 umgehend in die Tat umgesetzt, wobei Friedrich Geiger und Walter

Offizielle Vorstellung des 300 SL im Februar 1954 in New York.

Häcker für das definitive Styling verantwortlich sind. Am 6. Februar 1954 wird auf der International Motor Sports Show in New York City die Kundenversion des 300 SL präsentiert. Zum ersten Mal wird ein deutsches Auto vor seinem Debüt im Heimatland jenseits des Atlantiks vorgestellt. Aber die transatlantische Ausfuhr beginnt erst über ein Jahr später im März 1955. So wird der Listenpreis zuerst in D-Mark festgelegt – 29 000 DM kostet der Flügeltürer hierzulande. Dafür bekäme man sieben Volkswagen-Standard-Käfer und hätte noch Geld übrig. Ein 300 S ist allerdings 5500 DM teurer. Trotz der abgehobenen Preisgestaltung des 300 SL macht die Daimler-Benz A.G. mit diesem in Kleinserie gefertigten Prestigeobjekt keinen Gewinn. Dabei ist der Flügeltürer noch knapp kalkuliert, denn viele geläufige Ausrüstungsdetails zählen zur Sonderausstattung und müssen extra bezahlt werden: Beim Becker-Radio mit Sendersuchlauf, dem formgerechten Spezial-Koffersatz für den Raum hinter den Sitzen – der Kofferraum wird im Wesentlichen vom Ersatzrad eingenommen und durch den 130-Liter-Tank eingeengt – und den optionalen Stoßstangenhörnern ist das einzusehen. Dass allerdings Lederpolster nicht im Serienumfang enthalten sind und Stoffpolster mit hübschem Schotten-Karo-Muster die Grundausstattung darstellen, verwundert angesichts der Preiskategorie. Und die Aufpreise für Scheibenwaschanlage und Lichthupe wirken – zumindest aus heutiger Sicht – grotesk.

Eigentlich ist aus dem Ur-SL ein anderes Auto geworden – größer, geräumiger, komfortabler, mit 1295 kg viel schwerer, weitaus weniger windschlüpfig (der c_W-Wert ist vom Idealwert 0,25 der ersten Version auf mäßige 0,42 angestiegen), aber gefälliger fürs Auge. Für einen Sportler trägt er viel Lametta, hat aber noch immer viel, viel Biss. Die Grobstruktur der Karosserie besteht nun aus Stahlblech, Motorhaube, Heckdeckel, Schwellerverkleidung und die Flügeltüren aus einer Aluminiumlegierung. Im Styling lehnt sich der 300 SL an seine Vorgänger, aber auch an den Rennsportwagen 300 SLR an: Von diesem stammen die brauenartigen Sicken über den Radausschnitten. Der nun 82 kg schwere, aus Rohrpyramiden verknotete Gitterrohrrahmen wurde auf Höhe des Einstiegs um 32 cm abgesenkt, um den Einbau der Flügeltüren zu gestatten. Einfach ist das Zusteigen wegen der extrem breiten Schwellen, die das Fachwerk des Rahmens verkleiden, trotzdem nicht. Auf der Fahrerseite – der 300 SL ist übrigens zeitlebens nur als Linkslenker lieferbar – hilft das nach vorn weg zu klappende Lenkrad. Der links vom Fahrersitz angeordnete Handbremshebel ist dem Einsteigen dagegen weniger förderlich. Ein Manko des Flügeltürers ist die unzurei-

Der relativ hoch bauende Gitterrohrrahmen ließ keine normalen Schwenktüren zu.

Der Kofferraum wurde zum größten Teil vom Ersatzrad eingenommen, auf der Ablage hinter den Sitzen konnte aber ein Spezialkoffer verstaut werden.

Die Be- und Entlüftung war einer der wenigen Schwachpunkte des 300 SL. Die beiden Luftaustrittsöffnungen über dem Rückfenster erwiesen sich in heißen Sommern als unzureichend.

Möwenschwingen oder Schmetterling? Die Vorbilder in der Natur regen die Fantasie an.

Ein Flügeltürer aus dem Werksbesitz bei einer Mille-Miglia-Neuauflage.

chende Belüftung des Innenraums wegen der nicht zu öffnenden, sondern nur komplett herausnehmbaren Türfenster. Nur kleine Dreiecks-Schwenkfenster lassen begrenzte Luftzufuhr zu – viel zu wenig für die heißen Sommer in Florida oder Kalifornien.

Dem Triebwerk ist – aus den taufrischen Erfahrungen mit dem elften Prototypen schöpfend – hohe Aufmerksamkeit zuteil geworden. Bemerkenswert ist vor allem die zusammen mit Bosch entwickelte Benzin-Direkteinspritzung mit Sechsstempelpumpe, bei der Daimler-Benz auf die Erfahrungen beim Flugmotorenbau der 1930er-Jahre und des Zweiten Weltkriegs – beispielsweise beim legendären DB 601 – zurückgreifen konnte. Die Ölmenge der Trockensumpfschmierung wurde von 14 auf 11 Liter herabgesetzt. Das Verdichtungsverhältnis beträgt $\varepsilon = 8{,}55$. Bei einer Drehzahl von 5800/min gibt das Aggregat 215 PS ab. Später ist für Wettbewerbszwecke eine »schärfere« Nockenwelle erhältlich, die 240 PS bei 6000/min ermöglicht. Das Vierganggetriebe ist im Gegensatz zum »Hobel« wieder konventionell platziert. Drei Antriebsübersetzungen stehen zur Auswahl. Während der 300 SL mit der kürzesten eine Spitze von 228 km/h erreicht (Testwert von *auto motor und sport*), sind die 260 km/h, die das Werk für die längste Übersetzung angibt, ein nicht erreichbarer, rein theoretischer Wert. 245 km/h gilt als Maximum. Im Test beschleunigt der 300 SL aus dem Stand in 9,3 Sekunden auf 100 km/h – angesichts des ansehnlichen Leergewichts von 1295 kg ein respektabler Wert.

Während die Vorderradaufhängung an Querlenkern und Schraubenfedern sowie mit Torsionsstabilisator der »Adenauer«-Bauart entspricht, verkörpert die mit Ausnahme der elektrisch zuschaltbaren Zusatzfeder im Prinzip ebenfalls vom 300 übernommene hintere Zweigelenk-Pendelachse den eigentlichen Schwachpunkt des 300 SL. Während diese weder spur- noch sturzkonstante Konstruktion bei der 300er-Limousine gewichts- und konzeptbedingt noch zu tolerieren ist, stellt sie beim leichteren und viel schnelleren 300 SL vor allem für weniger geübte Fahrer ein gewisses Risiko dar: Vor allem bei Nässe und losem Untergrund neigt das Heck zu abruptem, nicht immer kontrollierbarem Ausbrechen. Keinerlei Probleme werfen dabei die großen Bremsen mit ihren Alfin-Trommeln und ihrem Ate-Unterdruckverstärker auf. Die Kugelumlauflenkung ist sportlich direkt ausgelegt und arbeitet relativ schwergängig.

Auf Wunsch können die optisch viel besser als die Radkappen zum Charakter des Wagens passenden, ungeheuer sportiven Rudge-Zentralverschlüsse geordert werden. Wettbewerbseinsätzen dient auch die Option härterer Federn und straffer abgestimmter Stoßdämpfer. Ebenfalls im Hinblick auf private Renneinsätze wird der 300 SL in kleiner Auflage in Vollaluminium-Ausführung angeboten. Die Alu-Coupés, die am Baumuster-Code 198.043 statt 198.040 kenntlich und mit Plexiglas-Seitenfenstern ausgerüstet sind, wiegen 130 Kilo weniger als die Normalausführung und bringen es auf eine Stückzahl von 29 Exemplaren. Dem Abspecken dient auch der nur einmal

Der Belgier Olivier Gendebien siegte 1955 bei der Langstreckenrallye Lüttich–Rom–Lüttich.

vorgenommene Versuch des Herstellers, ein Coupé mit einer Karosserie aus glasfaserverstärktem Kunststoff (GFK) einzukleiden.

Auch in seiner Serienausführung erringt der 300 SL viel sportlichen Lorbeer – wenn auch nicht werksseitig, so doch in Kundenhand mit wohlwollender Unterstützung durch die Rennabteilung unter Alfred Neubauer und Karl Kling oder gar als getarnte Werkswagen. Ende 1955 werden diese Einsätze im Rahmen des Untertürkheimer Rückzugs aus dem Motorsport eingestellt. Die Privatfahrer bleiben aber zunächst auch ohne den Beistand des Herstellers erfolgreich – bis die Dreiliter-Ferrari und -Maserati in größerer Anzahl auftauchen. Über Europa und Nordamerika erstreckt sich in den Jahren 1955 und 1956 eine regelrechte Flügeltürer-Siegessträhne: Von der Coppa d'Oro delle Dolomiti bis zur Internationalen Alpenfahrt, von der Mille Miglia über die Tour de France bis zur Fernfahrt Lüttich–Rom–Lüttich, vom schwedischen Eisrennen bis zur Tulpenrallye in der Niederlanden werden vordere Platzierungen eingefahren. Meist sind es Gesamtsiege. Prominente Namen sind mit der Motorsport-Geschichte des 300 SL eng verbunden: Stirling Moss, Wolfgang Graf Berghe von Trips, Fürst Metternich, John Fitch, Paul O'Shea, Olivier Gendebien, Willy Mairesse, Walter Engel und Walter Schock. In den USA ist der bei den dortigen Sportwagenrennen manchmal rudelweise auftretende *Gullwing* auf den Gewinn der vom SCCA ausgeschriebenen Meisterschaften abonniert.

Und als eine Art Erfolg ist gewiss auch die außerordentlich hohe Überlebensrate von rund drei Viertel aller gebauten 300 SL zu werten. Als das Flügeltüren-Coupé im Mai 1957 vom gleichnamigen Roadster abgelöst wird, sind exakt 1400 Exemplare dieses Prachtstücks entstanden.

TECHNISCHE DATEN W 300 SL (W 198)		
Modell	**300 SL**	**300 SL Roadster**
Baumuster	W 198 I; 198.040, mit Leichtmetallkarosserie 198.043	W 198 II; 198.042
Karosserieform	Sportcoupé mit zwei Flügeltüren	zweitüriger Roadster
Bauzeit	08/1954–05/1957	05/1957–02/1963
Motor		
Bauart (Viertakt-Otto)	Reihen-Sechszylinder M 198 I; 45° nach links geneigt; ab 03/1962: M 198 III mit Leichtmetallblock	
Hubraum in cm^3	2996	
Bohrung × Hub in mm	85 × 88	
Leistung in PS/kW bei min^{-1}	215/158 bei 5800	
max. Drehmoment in Nm bei min^{-1}	280 bei 4600	
Ventilsteuerung; Ventile pro Zylinder	ohc (1 oben liegende Nockenwelle, Doppelrollenkette); 2	
Gemischaufbereitung	mechanisch geregelte Benzin-Direkteinspritzung mit 6-Stempel-Pumpe	
Verdichtung	8,55	
Elektrik	12 Volt; Batterie 56 Ah	
Lichtmaschine	150 Watt	

TECHNISCHE DATEN W 300 SL (W 198)		
Modell	**300 SL**	**300 SL Roadster**
Kraftübertragung		
Getriebe	4-Gang-Schaltgetriebe, voll synchronisiert	
Antrieb	Hinterräder	
Rahmen und Fahrwerk		
Aufbau	Ganzstahlkarosserie; 29 Exemplare mit Leichtmetallkarosserie	Ganzstahlkarosserie
Rahmen	separater Stahlrohr-Gitterrohrrahmen	
Radaufhängung vorn	einzeln an Doppelquerlenkern	
Radaufhängung hinten	Zweigelenk-Pendelachse	Eingelenk-Pendelachse mit Ausgleichsfeder
Lenkung	Kugelumlauflenkung	
Bremsen	hydraulisch mit Unterdruck-Bremskraftverstärker; 4 Trommeln; ab 03/1961: 4 Scheiben	
Felgengröße	5 K × 15	5½ K × 15
Bereifung	6.50–15 Supersport	
Maße und Gewichte		
Radstand in mm	2400	
Spur vorn/hinten in mm	1385/1435	1398/1448
Länge/Breite/Höhe in mm	4520/1790/1300	4570/1790/1300
Leergewicht in kg	1295	1330 (mit Coupédach 1370)
Tankinhalt in l	100	
Leistungsdaten		
Höchstgeschwindigkeit in km/h	je nach Antriebsübersetzung bis zu 260 km/h	je nach Antriebsübersetzung bis zu 250 km/h
Beschleunigung 0–100 km/h in sec	10	
Kraftstoffverbrauch in l/100 km	9,5	12,5
Sonstiges		
Stückzahl	1400	1858
Preis bei Markteinführung	DM 29 000	DM 32 500 (ab 10/1958 mit Coupédach DM 34 000)

Die Zähmung der Heckschleuder

Mercedes-Benz 300 SL Roadster (W 198 II, 1957–1963)

Kaum befindet sich der Flügeltürer auf dem Markt, äußert die vorwiegend amerikanische Klientel bereits ein deutliches Verlangen nach einer offenen Version, was wohl nicht zuletzt mit der Tatsache zusammenhängt, dass die Staaten mit ihrer kaufkräftigeren Bevölkerung die sonnenverwöhnteren sind. Wieder ist es der Austro-Amerikaner »Maxie« Hoffman, der sowohl für Marketing als auch für Modellpolitik eine orakelhaft glückliche Hand beweist und mit dem Lockruf des harten Dollars in Untertürkheim nur geringe Überredungskunst aufbieten muss. Die Überzeugungsarbeit gelingt wie erwartet und im März 1957 wird auf dem Genfer Automobilsalon ein Vorserienwagen des 300 SL Roadster präsentiert. Im Mai beginnt die Fertigung. Damit wird das Flügeltüren-Coupé definitiv abgelöst.

Trotz der werksseitig ins Auge gefassten Typenbezeichnung »SLS« für die zweite Auflage des Supersportlers bleibt bei der offiziellen Nomenklatur alles beim Alten, allerdings ergänzt durch das Unterscheidungsmerkmal der Karosserieform. Als dann nach fünf, sechs Jahren zunehmend gebrauchte 300 SL Roadster in den Fachzeitschriften inseriert werden, werden sie häufig als »300 SLR« bezeichnet. Diese Verkürzung ist typologisch unzulässig, da der echte

Die Grundform blieb erhalten, die stilistische Verwandtschaft ist unverkennbar: 300 SL Roadster und sein Vorgänger, das Flügeltüren-Coupé.

Der Roadster wirkt länger und schlanker als der Flügeltürer.

300 SLR (W 196-S) ein nicht käuflicher Rennsportwagen auf Basis des Achtzylinder-Grand-Prix-Rennwagens W 196 ist, der trotz gleichen Hubraums und eines Gitterrohrrahmens kaum Gemeinsamkeiten mit dem 300 SL aufweist.

Der schwäbische Supersportwagen ist nun zivilisierter, luxuriöser und dadurch kompromissbereiter geworden. Sein Gewicht hat um 110 kg zugenommen. In seiner Stilistik, die aus dem Zeichenstift von Friedrich Geiger stammt, wirkt der formal rundum gelungene Roadster bei unverändertem Radstand noch gestreckter als der Flügeltürer, obwohl er nur um fünf cm länger ist. Die senkrechten Leuchteinheiten der Europaversion mit den integrierten Blinkern verleihen der Front eine gewisse Dynamik, und die Panorama-Windschutzscheibe verbessert die Sicht spürbar. Der Talbot-Rückspiegel auf dem linken Kotflügel sieht aus wie Aftermarket-Zubehör. Das leicht zu bedienende Verdeck ist voll versenkbar und entspricht im Konzept dem des kleineren 190 SL. Ab September 1958 ist für den Roadster für 1500 DM auch ein Allwetter-Hardtop mit Panorama-Heckscheibe lieferbar, wofür das Werk die irreführende Bezeichnung »Coupé« benutzt. Der Verdeckkasten hinter den Sitzen ist bei geschlossenem Dach als Stauraum zu verwenden. Im Ganzen gesehen haben die Innenraumdimensionen gegenüber dem Flügeltürer etwas abgenommen, ohne dass aber das Raumgefühl leidet. Der Kofferraum hat dagegen an Volumen beträchtlich zugelegt, da das Ersatzrad nun darunter in einer Mulde in dem auf 100 Liter Fassungsvermögen verkleinerten Tank platziert ist. Wegen der komfortbetonten Kurbelfenster in den Türen wird bei der zweiten Generation des 300 SL zuweilen das Prädikat »Roadster« in Frage gestellt.

Das technische Konzept und die konstruktive Basis des 300 SL sind mehr oder minder beibehalten worden. Die einzelnen Punkte der beim Flügeltürer ansetzenden Kritik wurden beseitigt oder deutlich gemindert: Die sicher wesentlichste Verbesserung besteht in der neuen Hinterachse. Endlich wird die bei den Mercedes-Personenwagen ab Juni 1954 (Typ 220a)

US-Exportversion des 300 SL mit Rundscheinwerfern und Hardtop.

Die Rest-der-Welt-Variante war mit den formschönen senkrechten Leuchteinheiten ausgestattet.

Die Hochzeit von Sindelfingen: Die Karosserie eines 300 SL in US-Exportausführung wird auf den Gitterrohrrahmen gesenkt.

Die abgespeckte Wettbewerbsversion des 300 SL Roadster neben dem Serienfahrzeug.

stufenweise eingeführte und weitaus spur- und sturzkonstantere Eingelenk-Pendelachse mit tief gelegtem Drehpunkt und Ausgleichsfeder verwendet. Diese Konstruktion wurde bereits im Juli 1954 im Flügeltüren-Coupé auf dem Stilfser Joch mit Erfolg getestet, aber nicht in die Serie übernommen. Der Fahrstabilität kommen auch die fülligeren Reifen (6,70–15 statt 6,50–15, jeweils in Supersport-Ausführung) auf breiteren Felgen ($5\frac{1}{2}$K–15 statt 5K–15) und die dadurch um 13 mm gewachsene Spurbreite zugute. Dem höheren Wagengewicht entsprechend und vielleicht auch dem amerikanischen Geschmack entgegen kommend, wurde die Lenkung leichtgängiger und damit indirekter (Übersetzung 1:16,7 statt 1:13,8) ausgelegt und hat an Präzision verloren.

Der beim Coupé etwas akrobatische Einstieg wurde durch die konventionellen Türen eliminiert. Um eine weitgehend normale Türöffnung zu erreichen, musste aber der Gitterrohrrahmen geändert werden: Die Seitenträger wurden abgesenkt, weitere Versteifungen im Ausgleich unter den Wagenboden verlegt. Trotzdem ist die Verwindungsfestigkeit nicht mehr mit der des Vorgängers zu vergleichen, was natürlich auch am fehlenden Dach liegt. Deshalb ist der 300 SL noch lange nicht unfit für den Motorsport, wie einmal geschrieben wurde, aber er ist nicht mehr ideal für diese Disziplin, die letzten Endes auch nicht seinen Daseinszweck darstellt. Der Handbremshebel ist konventionell in der Wagenmitte angeordnet.

Das Direkteinspritz-Triebwerk blieb weitgehend unangetastet und leistet unverändert 215 PS. Allerdings kann auf Sonderwunsch die Verdichtung von $\varepsilon = 8{,}55$ auf $\varepsilon = 9{,}5$ erhöht werden, um bei einer Nenndrehzahl von 5900/min zehn Mehr-PS zu erhalten: Dann muss allerdings Benzin-Benzol-Kraftstoff mit der Oktanzahl 100 getankt werden – in den USA mit dem flächendeckend vorhandenen Flugbenzin *(»avgas«)*, das auch an Tankstellen erhältlich ist, weniger ein Problem als in der Alten Welt. In einem Test der Schweizer *Automobil Revue* erreicht die 225-PS-Version des 300 SL Roadster mit der Normalübersetzung eine Spitze von 237 km/h. In einem Test des deutschen Edelmagazins *Motor Revue* beschleunigt die 215-PS-Variante in 8,8 Sekunden aus dem Stand auf 100 km/h.

Die serienmäßige Komfort- und Sicherheitsausstattung des Roadster ist – was angesichts des exorbitanten Preises von 32500 DM, immerhin dem angenäherten Gegenwert zweier 190 SL, kaum als Wunder gelten kann – umfangreicher geworden. Die Lederausstattung ist nun Standard, die Sitzflächen sind mit Ventilationslöchern perforiert. Die Rückenlehne des Fahrersitzes ist in der Neigung dreifach verstellbar. Das Armaturenbrett ist an Ober- und Unterkante gepolstert. Der Innenspiegel ist abblendbar, und Scheibenwascher und Lichthupe zählen nun zur Grundausrüstung. Dagegen müssen die Türarmlehnen, Ablageboxen in den Türen, die Stoßstangenhörner, der Spezial-Koffersatz und sogar die Wagenheizung gesondert bezahlt werden.

Dem Flügeltürer gegenübergestellt, wird der 300 SL Roadster zuweilen als »Boulevard-Sportler« charakterisiert. Sicher ist er zum selbstdarstellenden Flanieren besser geeignet als der »Flügel«, aber eine gewisse sportliche Karriere hat auch er hinter sich:

Inoffiziell gibt es dann doch einen SLS – wenn auch nicht im Verkaufsprogramm, denn das zweite S steht für *»Special«*. Im März 1957 werden zwei 300 SLS – auf 235 PS leistungsgesteigerte, um 380 kg abgespeckte Leichtbau-Einzelstücke mit Aluminium-Karosserie, Cockpit-Abdeckung und Überrollbügel – für die amerikanische Sportwagenmeisterschaft jenes Jahres gebaut. Rennscheibchen als Windschutz und martialisch seitlich aus den Kiemen der Motorhaube ragende, infernalisch laut röhrende Flammrohre an Stelle der halbwegs gedämpften Serien-Auspuffanlage vervollständigen den professionellen Touch. Die große Klasse D des SCCA-Championships gewinnt Paul O'Shea gegen die aussichtsreicheren Ferrari und Maserati auch wunschgemäß, vor dem späteren Cobra-Schöpfer Carroll Shelby auf einem zwar schnelleren, aber nicht so standfesten Maserati 300S.

Paul O'Shea gewann 1957 auf dem 300 SLS das SCCA-Championship in der großen Hubraumklasse.

Ungeachtet seines Kleinserien-Daseins wird dem 300 SL Roadster eine beschränkte, aber wesentliche Modellpflege zuteil. Ab März 1961 erhält er an allen Vieren – bei sportlichen Fahrern hochwillkommen – Dunlop-Scheibenbremsen aus britischer Fertigung. Ab Februar 1962 werden die letzten 208 Exemplare des Roadsters mit dem vom 300 SE (W 112) abgeleiteten Leichtmetallmotor M 198.982 ausgerüstet, der 45 kg leichter als der Grauguss-Sechszylinder ist. Im Februar 1963 läuft die Produktion des zweiten 300 SL mit einem Gesamt-Fertigungsergebnis von 1858 Einheiten aus. In seinem Sammlerwagen-Status bewegt sich der Roadster heute immer mehr aus dem Schatten des Flügeltürers heraus. Der Wertunterschied, der 2007 in Europa noch 18 Prozent zugunsten des »Flügel« betrug, ist inzwischen auf fast 10 Prozent geschrumpft. Das hat vielleicht pragmatische Gründe: Während die Gullwings – wohl nicht zuletzt aufgrund ihres delikaten Fahrverhaltens und mäßigen Klimakomforts – typischerweise statische Sammlerstücke und Anlageobjekte darstellen und von Auktion zu Auktion wandern, werden die Roadster eher in artgerechter Haltung auf der Straße eingesetzt.

Ein 300 SL Roadster aus dem Besitz der Daimler A.G.

Flaniermobil – nicht nur für das Mädchen Rosemarie

Mercedes-Benz 190 SL (W 121 B II, 1955 – 1963)

Schon in der ersten Entstehungsphase des 300 SL war ein kleinerer Sportwagen – zuweilen 220 SL genannt – ins Auge gefasst worden. Vor dem Hintergrund des im Nachkriegs-Amerika herrschenden Sportwagen-Booms, der zunächst vor allem von britischen Vierzylinder-Roadstern bis etwa zwei Liter Hubraum angefacht wurde, konkretisiert sich dieses vage Projekt in der Sindelfinger Karosserie-Konstruktion sehr schnell – in gewohnter Weise durch den New Yorker Importeur Max Hoffman beschleunigt. Nach nur fünfmonatiger Entwicklungszeit zeigt die Daimler-Benz A.G. im Februar 1954 bei der International Motor Sports Show in New York zusammen mit dem 300 SL Flügeltürer den Prototypen eines hinreißend gezeichneten, aber erst knapp zuvor fertig gewordenen, daher noch nicht erprobten und vorerst noch nicht käuflichen kompakten Sportwagens. Die verwendete Typenbezeichnung 190 SL ist erst ein paar Tage alt, denn im Arbeitstitel hieß dieses Auto der Abstammung seiner Plattform zufolge noch 180 SL.

Der Publikumserfolg in New York forciert die Produktionsvorbereitungen. Im Juni 1954 erscheint der erste deutsche Prospekt des als echten Sportwagen propagierten 190-SL-Prototypen. Dass Daimler-Benz darin von einem »Tourensportwagen« spricht, zeugt von einer Hinwendung zum gemäßigt sportlichen Reisewagen. Apropos Nomenklatur: An dieser Stelle soll darauf hingewiesen werden, dass der Roadster-Begriff von Mercedes-Benz nach dem Krieg neu definiert wurde. Während die weltweit übliche Diktion darunter einen abgespeckten offenen Zweisitzer mit seitlichen Steckscheiben und mit leichtem, ungefüttertem Verdeck à la Porsche Speedster oder MGA begreift, bestehen die Kriterien eines Roadsters laut Untertürkheim allein in der Zweisitzigkeit und in der vollen Versenkbarkeit des geöffneten Verdecks. Diese sprachlich eigentlich unkorrekte Auslegung hält bis heute, bis ins Zeitalter der paradox benannten »Klappdach-Roadster«, an.

Mit dem angeführten Leergewicht von 1050 kg und einer Nenn-Motorleistung von 110 PS wäre die angegebene Spitze von 190 km/h realistisch gewesen. Aber es sollte sich noch so manches ändern, bis auf dem Genfer Salon im März 1955 die offizielle Vorstellung stattfindet und die Fertigung des 190 SL im Mai 1955 beginnt.

Inzwischen hat sich aber die Zielvorstellung verlagert: Die Rolle des von vornherein als Roadster entwickelten 190 SL wurde neu definiert. Das Naturell des rassereinen Sportwagens à la 300 SL wurde endgültig durch den Charakter des eleganten zweisitzigen Zweitwagens mit betont sportlichem Touch er-

Der erste Verkaufsprospekt des 190 SL in dessen endgültiger Ausführung aus dem Jahr 1955.

Eines der ersten Werkfotos des 190 SL Roadster, 1955.

Erste Serienversion des 190 SL, Jahrgang 1956, bereits mit den ab Mitte 1956 in der Bundesrepublik eingeführten weißen Nummernschildern.

Die erste Version des noch aus Leichtmetall gefertigten Coupédachs, 1955.

190 SL des Jahrgangs 1957 mit optionalen Breitstrahlern.

setzt. Stilistisch orientiert sich der 190 SL deutlich am 300 SL, beispielsweise bei der Kühlluftöffnung und den lanzettenartigen Sicken über den Radausschnitten. Die 15 Monate zuvor in New York noch gezeigte knackige Linienführung mit niedrigem Windschutzscheibchen und ausgeschnittenen Türen – beides als Wettbewerbsoption bezeichnet –, einer Lufthutze auf der Motorhaube und glatten, kräftig akzentuierten hinteren Kotflügeln wurde rigoros entschärft, gleichsam mit Weichmacher bearbeitet. Das Ergebnis kann sich aber dennoch sehen lassen – der 190 SL hat zwar einige maskulinen Gene eingebüßt, ist aber eine unbestreitbar attraktive Erscheinung.

Als Basis für den mittragenden Aufbau des 190 SL dient die im Radstand um 25 Zentimeter verkürzte Rahmenbodenanlage des 180, die ursprünglich für ein nicht realisiertes zweisitziges 180 Cabriolet A vorgesehen war. Allerdings ist der kleine SL von Anfang an mit der modernen Eingelenk-Pendelachse des Sechszylindertyps 220a (W 180) ausgerüstet, auf die der 180 noch vier Monate warten muss. Der Typ 180 steuerte den Fahrschemel mit der Vorderradaufhängung bei. Völlig neu ist dagegen der 1,9 Liter große Vierzylinder des Baumusters M 121 mit oben liegender Nockenwelle und Duplexkette, der sich konstruktiv am Sechszylinder-Aggregat M 186 des Typs 300 orientiert, aber kurzhubiger ausgelegt ist. Der Öl-Wasser-Wärmetauscher ist ein modernes Konstruktionsmerkmal; die nur dreifach gelagerte Kurbelwelle weniger. Im unteren Drehzahlbereich läuft der M 121 nicht ganz vibrationsfrei. Die alles andere als unkomplizierte Gemischaufbereitung obliegt zwei Solex-Flachstrom-Registervergasern der Type 44 PHH, die späteren Eignern des 190 SL noch manches Kopfzerbrechen bereiten werden. Bei 5700/min stehen 105 PS zur Verfügung, die eine Höchstgeschwindigkeit von 175 bis 180 km/h ermöglichen. Leer wiegt der 190 SL jetzt trotz der aus einer Aluminiumlegierung gefertigten Türen, Motorhaube und Kofferraumdeckel 1140 kg – da überrascht die wenig rasante Beschleunigung von 14,5 Sekunden für die Null-auf-hundert-Spanne nicht.

Der 190 SL ist in drei Karosserie-Varianten lieferbar, die sich im Prinzip ähneln: als Roadster mit Stoffverdeck, als sogenanntes Coupé – auch diese Bezeichnung ist irreführend – mit abnehmbarem Hardtop, aber mit zusätzlichem Verdeck und als das viel seltenere, fast nur in den USA ausgelieferte Hardtop-Coupé ohne Verdeck. Bis Februar 1956 wird das Hardtop aus Leichtmetall gefertigt, danach aus Stahlblech. Der reine Roadster weist »MB-Tex«-Kunstledersitze auf, während die beiden Coupés über eine Lederausstattung verfügen. Im Oktober 1959 erhält das Coupé-

TECHNISCHE DATEN 190 SL	
Modell	**190 SL**
Baumuster	W 121 B II; 121.042, mit Coupédach 121.040
Karosserieform	zweisitziger Roadster
Bauzeit	05/1955–02/1963
Motor	
Bauart (Viertakt-Otto)	Reihen-Vierzylinder M 121 B II
Hubraum in cm^3	1897
Bohrung × Hub in mm	85 × 83,6
Leistung in PS/kW bei min^{-1}	105/77 bei 5700
max. Drehmoment in Nm bei min^{-1}	145 bei 3200
Ventilsteuerung; Ventile pro Zylinder	ohc (1 oben liegende Nockenwelle, Doppelrollenkette); 2
Gemischaufbereitung	2 Fallstrom-Registervergaser Solex 44 PHH
Verdichtung	8,5; ab 09/1959: 8,8
Elektrik	12 Volt; Batterie 56 Ah
Lichtmaschine	160 Watt
Kraftübertragung	
Getriebe	4-Gang-Schaltgetriebe, voll synchronisiert
Antrieb	Hinterräder
Rahmen und Fahrwerk	
Aufbau, Rahmen	selbsttragende Ganzstahlkarosserie; Rahmen-Boden-Anlage
Radaufhängung vorn	einzeln, Doppelquerlenker
Radaufhängung hinten	Eingelenk-Pendelachse
Lenkung	Kugelumlauflenkung
Bremsen	hydraulisch, ab 05/1956: Unterdruck-Bremskraftverstärker; 4 Trommeln
Felgengröße	5 JK × 13 B
Bereifung	6.40–13 Sport
Maße und Gewichte	
Radstand in mm	2400
Spur vorn/hinten in mm	1430/1475
Länge/Breite/Höhe in mm	4290/1740/1320
Leergewicht in kg	1140, ab 1960: 1160
Tankinhalt in l	65
Leistungsdaten	
Höchstgeschwindigkeit in km/h	180
Beschleunigung 0–100 km/h in sec	14,5
Kraftstoffverbrauch in l/100 km	8,6
Sonstiges	
Stückzahl	25 881
Preis bei Markteinführung	DM 16 500 (Roadster); mit Coupédach DM 17 650

Im März 1956 lief der dreitausendste 190 SL vom Band.

Im Oktober 1959 wurde das Rückfenster des Coupédachs deutlich vergrößert.

Nein – das ist nicht das Mädchen Rosemarie. Diesen frühen 190 SL charakterisieren die Stoßstangenhörner als US-Exportversion.

190 SL mit Export-Stoßstange im Werksbesitz, gebaut im Mai 1955.

dach ein breites Panorama-Heckfenster. Gleichzeitig wird das Verdeck-Rückfenster vergrößert und die Scheibenwaschanlage serienmäßig geliefert. Weitere Modellpflegemaßnahmen betreffen die Montage der breiten Chromleiste am oberen Türabschluss (März 1956), den Einbau einer mechanischen Zeituhr im Handschuhfachdeckel, eines Heizungsgebläses, eines Starktonhorns und eines Ate-Bremskraftverstärkers (jeweils Mai 1956), die Verwendung der größeren Rückleuchten der Ponton-Sechszylinder (Juni 1956), die Hörner mit integrierter Nummernschildbeleuchtung an der hinteren Stoßstange (Juli 1957), gepolsterte Sonnenblenden mit Make-up-Spiegel auf der Beifahrerseite (März 1958) oder den neuen Muschelgriff statt des Bügels am Kofferraumdeckel (August 1960). Das ist nur eine kleine Auswahl – der 190 SL sieht zwar stets unverändert aus, in seiner knapp achtjährigen Karriere werden jedoch mehr als 400 Modifikationen vorgenommen.

Der 190 SL wird vom Hersteller als »2/3-Sitzer« bezeichnet, da anstelle der Gepäckablage hinter den Sitzen quer zur Fahrtrichtung gegen Aufpreis ein dritter Sitz, der eher für Kinder denn für ausgewachsene Mitfahrer geeignet erscheint, eingebaut werden kann. Dass der 190 SL im Volke gern als »Damenwagen« apostrophiert wird, liegt nicht nur an seinen in gewisser Hinsicht femininen Formen, sondern sicher auch an seiner Filmrolle in »Das Mädchen Rosemarie«, der Biografie der 1957 ermordeten »Lebedame« (sprich Edel-Prostituierten) Rosemarie Nitribitt. Da dieser Vorfall zwangsläufig mit dem 190 SL assoziiert wird, distanziert sich Daimler-Benz von dieser unwillkommenen Publicity, die – als der Film 1958 anläuft – prompt einen negativen Verkaufsknick auslöst. Ein Jahr später ist dann alles vergessen …

Der 190 SL Roadster kostet anfangs 16 500 DM, das Hardtop-Coupé 17 100 DM und mit zusätzlichem Roadster-Verdeck 17 650 DM – fast das Doppelte einer 180er-Limousine. Als der letzte 190 SL am 8. Februar 1963 die Sindelfinger Produktionsstätte verlässt, sind von diesem Typ 25 881 Exemplare entstanden. Stärkstes Verkaufsjahr ist 1956 mit mehr als 4000 Einheiten. Nur ein Fünftel der Fahrzeuge wird in Deutschland ausgeliefert, allein 40 Prozent werden in den Vereinigten Staaten abgesetzt. Nicht wenige davon kehren dreißig, vierzig Jahre später in ihr Geburtsland zurück.

Meisterleistung aus dem Baukasten: die Ponton-Sechszylinder

Mercedes-Benz 220a (W 180 I, 1954–1956)

Als der 180 mit seinem antiquierten Vierzylinder Ende 1953 in Produktion geht, erwartet nicht nur die Fachwelt auch für die Oberklasse eine mit dem ausgezeichneten Reihen-Sechszylinder M 180 motorisierte Ponton-Limousine. Noch wird zunächst der alte 220 (W 187) mit separatem Chassis parallel zum Ponton-Vierzylinder weitergebaut – leistungsfähig, zuverlässig, kompakt und irgendwie ein wenig sportlich, aber delikat im Fahrverhalten, angesichts der gehobenen Klassenzugehörigkeit nur eingeschränkt komfortabel und im internationalen Vergleich ziemlich beengt. Am 10. März 1954 beginnt deshalb in der Mercedes-Oberklasse, die drei Generationen später S-Klasse heißen wird, die Neuzeit: Der 220a feiert auf dem Genfer Salon seinen Einstand. Das vom Vorgänger vererbte moderne ohc-Triebwerk findet in der geräumigen selbsttragenden Ponton-Karosserie und im endlich zeitgemäßen Fahrwerk seine ausgewogene Ergänzung.

Der Zweihundertzwanziger ist ein stattliches Auto geworden, 210 mm länger als sein Vorgänger und 55 mm breiter, dennoch ohne Füllmengen um 90 kg leichter. Die Gewichtsverteilung ist nahezu ausgeglichen: Während die Hinterachse beim Vorgänger mit dem 1,3-Fachen des auf der Vorderachse ruhenden Gewichts belastet war, ist es beim 220a nur noch das 1,1-Fache. In den Abmessungen bestehen die Unterschiede gegenüber dem Ponton-Vierzylinder in einem

Frankreich-Debüt des Ponton-220 auf dem Pariser Salon im Oktober 1954.

Auch der 220a zeigt ein konservatives Mercedes-Gesicht. Die Nebellampen waren serienmäßig.

um 170 mm gestreckten Radstand, einer um 100 mm längeren Motorhaube und einem merklichen Plus von 70 mm im hinteren Fußraum und Einstieg.
Die Proportionen sind durch die lange Motorhaube sichtlich stimmiger als beim bulligeren 180 und haben sich der formgestalterischen Harmonielehre – dem Goldenen Schnitt – angenähert. Der optischen Streckung dienen auch die langen verchromten Blinkerschwingen auf den Vorderkotflügeln, die wesentlich eleganter wirken als die ziemlich unorganisch wirkenden »Warzen« des 180. Die nach wie vor konservative Mercedes-Physiognomie des Kühlergesichts betont die gleichsam gotische Senkrechte weniger stark als beim Vorgänger. Während sich der Vierzylinder-Bug mit seinen verzierten Belüftungsöffnungen etwas verspielt darstellt, strahlt die optisch straffere Front des 220a mit den niedrig über der Stoßstange, hinter den Nebellampen platzierten Lufteinlässen mehr Selbstbewusstsein aus und schafft dadurch ein gewisses Überholprestige.
Wiederum ist die selbsttragende Karosserie mit der überaus verwindungssteif gehaltenen Rahmen-Boden-Anlage verschweißt. Das Volumen des Fahrgastraums hat um 35 Prozent zugenommen – der 220a ist ohne jegliche Kompromisse ein bequemer Fünfsitzer. Jenseits aller Prachtentfaltung wirkt er grundsolide und gediegen. In seiner Innenarchitektur ist er nicht ohne eine gewisse Strenge, dennoch – oder gerade deshalb – durchaus repräsentativ. In dezentem Maße verwendetes hochglänzendes Holzfurnier am Armaturenbrett und an den Fenstereinfassungen spiegelt unaufdringliche Eleganz wider. Ein britisches Fachblatt spricht von einer Inneneinrichtung »im viktorianischen Stil«. Herbe Kritik wird einzig am Tachometer mit seiner nicht exakt ablesbaren waagrechten Skala geübt. Typischerweise ist die gleichermaßen gestreckt und kraftvoll wirkende, klare Linien mit traditionellen Stilelementen verbindende Ponton-Karosserie in der in Stuttgart viel zitierten »Rufweite zur Automobilmode« angesiedelt – modern, aber nicht modisch.
Während das Fahrschemelkonzept und die Vorderradaufhängung im Wesentlichen vom 180 und die erfreulich direkte Lenkung vom alten 220 übernommen

Ein restaurierter 220a des Jahrgangs 1954 aus dem Besitz der Daimler A.G.

worden sind, stellt die Hinterradaufhängung eine komplette Neukonstruktion dar: Erstmals wird in einen serienmäßigen Mercedes-Personenwagen die Eingelenk-Pendelachse mit tief liegendem Drehpunkt eingebaut. Im Gegensatz zur bisherigen Schwingachse, bei der das Achsgehäuse fest mit dem Rahmen verbunden war, ist hier nur der Drehpunkt an der Bodengruppe befestigt. Diese Konstruktion wurde aus der 1952 konzipierten Hinterachse des Formel-Rennwagens W 196 abgeleitet. Da die Pendelarme beträchtlich vergrößert sind, wurden die Spur- und Sturzänderungen beim Einfedern merklich reduziert. Die Schrecken, die dem Bremsen – möglicherweise noch bei nasser oder auf lockerer Fahrbahnoberfläche – in Kurven innewohnten, sind nun fast vergessen. Was vom »leichten Heck« geblieben ist, kann als Hauch von Sportlichkeit akzeptiert werden. Die Fahrwerksqualitäten des 220a sind unbestritten. Dazu zählen auch die deutlich verbesserten Bremsen mit den breiten turboverrippten Trommeln ringsum. Der Bremsenkühlung dienen auch die Lüftungsschlitze in den Felgen, die sich in den Öffnungen der anstelle der Radkappen eingeführten großen, verchromten Radabdeckungen fortsetzen. Ab September 1955 dient ein serienmäßiger Bremskraftverstärker der ATE-Hydrovac-Bauart T 50 nicht nur dem Bedienkomfort, sondern auch der aktiven Sicherheit.

Beim effektiv nur drei Jahre alten und – bis auf die nur vierfach gelagerte Kurbelwelle – noch immer hochmodernen Triebwerk hat sich die Aktualisierung auf einige Detailverbesserungen beschränkt, die die Maschine standfester machen und die Maximalleistung auf 85 PS bei 4800/min steigern. So besteht der Zylinderkopf nicht mehr aus Grauguss, sondern aus Leichtmetall und wurde dadurch um 14,5 kg leichter. Neue Kolben dienen der besseren Wärmeableitung und neu konzipierte Ansaug- und Auspuffkrümmer einer effektiveren Gasführung. Die Verdichtung wurde von $\varepsilon = 6{,}5$ auf $\varepsilon = 7{,}6$ angehoben, eine »schärfere« Nockenwelle änderte die Steuerzeiten und der Doppel-Fallstromvergaser, der nun die Kennung 32 PAATI besitzt, weist bei identischem Lufttrichter eine veränderte Düsenbestückung auf. Der Hersteller bezeichnet den Sechszylinder nun als drehfest bis 6000/min – beim Vorgänger begann der imaginäre rote Bereich bei 5000 Touren. Durch die Feinstfilterung des Motorenöls mit einem Hauptstromfilter mit Papierpatrone anstelle des mechanischen Spaltfilters konnte das Ölwechselintervall von 1500 auf 4000 km heraufgesetzt werden. Das elektrische Bordnetz arbeitet nun endlich mit einer Spannung von 12 Volt.

Weniger die betont zurückhaltende und daher von den Kunden kritisierte Motorleistung, vielmehr das reduzierte Gewicht und das optimierte Fahrwerk sind es, die dem 220a eine sportliche Note verleihen. Für die Höchstgeschwindigkeit gibt der Hersteller »ca. 150 km/h« an. In Tests streut die Spitze eher nach oben. Die Standard-Beschleunigung von null auf 100 km/h vollzieht sich in rund 16 Sekunden. Diese Werte müssen im Spiegel der Zeit gesehen werden – der gleich teure Porsche 356A 1600 spurtet auch

Genrebild mit 220a von 1955.

Dieser 220a wurde 1955 mühevoll in eine Douglas C-47 D Skytrain verladen, um über die Zwischenstation USA nach Guatemala ausgeführt zu werden.

nicht besser. Kein Wunder, dass die Fachzeitschrift *auto motor und sport* den 220a hinsichtlich seines Leistungsvermögens mit »reinrassigen Sportwagen« gleichsetzt. Kein Wunder auch, dass der 220a im Motorsport eine nicht unbedeutende Rolle spielt – der Erfolgsnachweis ist äußerst umfangreich. Hier sei nur der prominenteste Lorbeer aufgezählt: Klassensiege und ein knapp verpasster Gesamtsieg bei der Rallye Monte Carlo, der Gewinn der Europa-Tourenwagenmeisterschaft 1955, ein Klassensieg bei der Mille Miglia 1956, der Werks-Teampreis beim 4500-km-Straßenmarathon Spa-Sofia-Lüttich, Klassensiege beim 24-Stunden-Rennen von Spa-Francorchamps und bei der Tulpenrallye.
Mit einem Listenpreis von 12 500 DM ist der 220a auf den Pfennig so teuer wie seine exklusiven, da nur in vergleichsweise geringer Stückzahl verkauften Konkurrenten BMW 501 und Borgward Hansa 2400 Pullman. Der Opel Kapitän – das erfolgreichste Auto im deutschen Sechszylinder-Quartett – ist dagegen um fast 3500 DM preisgünstiger als der Mercedes. Im April 1956 läuft der letzte 220a vom Band. 25 937 Exemplare sind davon gebaut worden, ein knappes Drittel wurde ausgeführt.

Mercedes-Benz 220 S (W 180 II, 1956–1959)

Im März 1956 wird der 220a vom 220 S abgelöst, der keineswegs wie ein neues Modell aussieht. Die wesentlichen Abweichungen sind unter dem Blech verborgen – unterschiedlich ist vor allem aber der weitaus behäbigere, komfortbetonte Charakter der zweiten Ponton-Sechszylinder-Auflage. Einziges äußeres Unterscheidungsmerkmal ist die schmale Zierleiste, die nun die Prägesicke in den Vorderkotflügeln und -türen unterstreicht.
Dem Leistungshunger der Klientel – schließlich werden die Autos immer schneller und die Klassenkonkurrenz hat die 100-PS-Marke erreicht (Borgward Hansa 2400) oder gar überschritten (BMW 502 3,2 V8) – kommt man in erster Linie durch bessere Füllung mit einer Doppel-Registervergaser-Anlage nach. Bei unveränderter Verdichtung stehen bei 4800/min 100 PS zur Verfügung, gut für 160 km/h – aber angesichts der 15 PS Leistungszuwachs eigentlich kein überwältigender Fortschritt, zumal sich die Beschleunigung kaum verbessert hat. Neu ist, dass der Sechszylinder zur Verbesserung der Laufruhe auf dem modifizierten Fahrschemel nicht mehr nur vorn, sondern auch an zwei weiteren Silentblöcken hinten gelagert ist. Dem angestrebten Charakter des typischen Reisewagens entsprechend, ist der Fahrkomfort explizit in den Vordergrund gerückt.
Diese Zielsetzung zeigt sich auch in der Fahrwerksabstimmung und folglich im Fahrverhalten. Die weichere Federung führt zu spürbarer Seitenneigung in Kurven und zum Eintauchen des Vorderwagens beim Bremsen. Ebenso unsportlich hat sich die Lenkung entwickelt, deren Übersetzung von 1:19,4 auf 1:23,4

Heckansicht eines 220 S der ersten Bauphase mit der Nummernschildbeleuchtung am Kennzeichen.

heraufgesetzt wurde. Das direkte Ansprechen wurde der kommoden Leichtgängigkeit geopfert. Von sportlichen Ambitionen ist der Oberklasse-Mercedes nun weit entfernt, zumal das Leergewicht um rund 50 kg zugenommen hat. Das drückt sich bezeichnenderweise in der unbedeutend gewordenen Erfolgsstory im Motorsport aus.
Im August 1957 kommt es beim 220 S im Rahmen der Kampagne »Noch wertvoller, aber nicht teurer« zur einzigen Modellpflegemaßnahme. Durch Anheben der Verdichtung auf ε = 8,7 nimmt die Motorleistung um sechs auf 106 PS bei 5200/min zu, ohne dass sich dabei an den Fahrleistungen Wesentliches ändert. Gleichzeitig erhält der 220 S als weitere Komfortsteigerung ein um 50 Prozent wirksameres Servo-Bremsgerät. Ebenfalls in Richtung Bedienungskomfort zielt der beim 220 S im August 1957 als Sonderausstat-

TECHNISCHE DATEN 220 »Ponton«			
Modell	**220a**	**220 S**	**220 SE**
Baumuster (Schiebedach)	W 180 I; 180.010 (180.011)	W 180 II; 180.010 (180.011)	W 128; 128.010 (128.011)
Karosserieform	viertürige Limousine		
Bauzeit	06/1954–04/1956	03/1956–08/1959	04/1958–08/1959
Motor			
Bauart (Viertakt-Otto)	Reihen-Sechszylinder M 180 II	Reihen-Sechszylinder M 180 III	Reihen-Sechszylinder M 127 I
Hubraum in cm^3	2195		
Bohrung × Hub in mm	80 × 72,8		
Leistung in PS/kW bei min^{-1}	85/63 bei 4800	100/74 bei 4800; ab 08/1957: 106/78 bei 5200	115/85 bei 4800
max. Drehmoment in Nm bei min^{-1}	160 bei 2400	165 bei 3500; ab 08/1957: 175 bei 3500	190 bei 3800
Ventilsteuerung; Ventile pro Zylinder	ohc (1 oben liegende Nockenwelle, Doppelrollenkette); 2		
Gemischaufbereitung	1 Fallstrom-Doppelvergaser Solex 32 PAATJ	2 Fallstrom-Registervergaser Solex 32 PAJTA	mechanisch geregelte Saugrohreinspritzung; Zwei-Stempel-Einspritzpumpe
Verdichtung	7,6	7,6; ab 08/1957: 8,7	8,7
Elektrik	12 Volt; Batterie 42 Ah, ab 09/1955: 56 Ah	12 Volt; Batterie 56 Ah	
Lichtmaschine	160 Watt		240 Watt
Kraftübertragung			
Getriebe	4-Gang-Schaltgetriebe, voll synchronisiert		
Antrieb	Hinterräder		
Rahmen und Fahrwerk			
Aufbau, Rahmen	selbsttragende Ganzstahlkarosserie; Rahmen-Boden-Anlage		
Radaufhängung vorn	einzeln an Doppelquerlenkern		
Radaufhängung hinten	Eingelenk-Pendelachse		
Lenkung	Kugelumlauflenkung		
Bremsen	hydraulisch; ab 09/1955 mit Unterdruck-Bremskraftverstärker; 4 Trommeln		
Felgengröße	5 K × 13		5 K × 13 B
Bereifung	6,70–13	6,70–13 Sport	

TECHNISCHE DATEN 220 »Ponton«			
Modell	**220a**	**220 S**	**220 SE**
Maße und Gewichte			
Radstand in mm	2820		
Spur vorn/hinten in mm	1430/1470		
Länge/Breite/Höhe in mm	4715 (ab 08/1957: 4750)/1740/1560		
Leergewicht in kg	1280	1325	1345
Tankinhalt in l	64		62
Leistungsdaten			
Höchstgeschwindigkeit in km/h	150	160	165
Beschleunigung 0–100 km/h in sec	19	17	15
Kraftstoffverbrauch in l/100 km	9,8	10,7	
Sonstiges			
Stückzahl (ohne Fahrgestelle für Sonderaufbauten	25 937	55 268	1974
Preis bei Markteinführung	DM 12 500		DM 14 400

tung eingeführte, elektrisch gesteuerte Kupplungsautomat »Hydrak«. Er war zusammen mit Fichtel & Sachs in Schweinfurt entwickelt worden und sollte sich im Betrieb als weitgehend verlässlich und weniger delikat als der ebenfalls von F&S konzipierte, aber in der Funktionsweise unterschiedliche »Saxomat« erweisen. Dem völlig ruckfreien Anfahren dient eine hydraulische Kupplung, die zur Überbrückung über einen Freilauf verfügt. Eine konventionelle, auf elektropneumatischem Weg betätigte Einscheiben-Trockenkupplung besorgt das Ein- und Auskuppeln beim Gangwechsel. Der Fahrer muss sich an konzentrierte Zurückhaltung gewöhnen: Die leiseste, auch ungewollte Berührung des Schalthebels führt zum Ausrückvorgang und lässt den Motor im Leerlauf aufheulen. Der 220 S mit der selbsttätigen Kupplung ist alles andere als ein Ausbund an Temperament: Für den Standard-Sprint benötigt er rund 20 Sekunden. Der Aufpreis von 450 DM für den immerhin komplexen »Hydrak« erscheint im Vergleich zu den 650 DM, die das Becker-Mexiko-Radio kostet, nahezu günstig.

220 S des Jahrgangs 1957 in der typischen Atmosphäre des wohlhabenden Bürgertums der 1950er-Jahre.

Zur Modellpflege zählt auch ein kaum wahrnehmbares Lifting: Vordere und hintere Stoßstangen wurden durch zusätzliche seitliche Halterungen stabilisiert. Die Kennzeichenblenden wurden den in der Bundesrepublik soeben neu eingeführten breiteren Nummernschildern angepasst. Die vorderen Stoßstangenhörner wurden analog zu den Coupés und Cabriolets vergrößert. Am Heck wurde die Kennzeichenbeleuchtung wie bei den Modellen 180 und 190 in die Stoßstangenhörner verlegt. Die Innenausstattung erfuhr eine Aufwertung, obwohl der Preis von 12 500 DM unverändert geblieben ist. Das ist einer der Gründe des Verkaufserfolgs, den der 220 S aufweisen kann. Bis zum Produktionsende im August 1959 entstehen 55 268 Limousinen und 11 Fahrgestelle, die als Bestattungswagen karossiert werden.

Mercedes-Benz 220 SE (W 128, 1958/59)

Im September 1958 präsentiert Daimler-Benz auf der IAA einen auf den ersten Blick eher unauffälligen Glanzpunkt: In der Karosserie des hinlänglich bekannten 220 S debütiert ein Einspritzmotor, der zu der Typenbezeichnung 220 SE und dem gesonderten Baumustercode W 128 führt. Der Motor mit dem Code M 127 I ist in seinem strukturellen Aufbau mit dem M 180 III des 220 S identisch, die Gemischaufbereitung obliegt aber – wie bereits seit einem Jahr beim letzten »Adenauer« 300d – einer intermittierenden Saugrohreinspritzung.

Künftige Großserien-Einspritztechnik zeichnet sich ab: Eine robuste, per Raumnocken gesteuerte Bosch-Zweistempelpumpe mit zwei Dreifach-Verteilerblöcken wird von einer elektrischen Förderpumpe versorgt. Neu ist ein komplexes, aber zuverlässiges mechanisches Regelsystem, das die Luft- und Kraftstoffmenge ständig den Fahrbedingungen anpasst und ein optimales Volumenverhältnis dosiert. Weitere Parameter sind die Außentemperatur (zur Steuerung der Gemischanreicherung beim Kaltstart und zur Lufttemperatur-Angleichung beim Warmlaufen) und der atmosphärische Druck, der einen Höhenkorrektor beeinflusst.

Bei 4800/min stehen 115 PS zur Verfügung. Die Spitzengeschwindigkeit wird unverständlicherweise noch immer mit 160 km/h angegeben, die Standardbeschleunigung mit 15 Sekunden. Bemerkenswerter dürfte der um einen Hauch günstigere Benzinverbrauch sein. Der 220 SE ist als Interimsmodell vor der »Flossen«-Baureihe, die bereits in den Startlöchern steht, nicht für größere Stückzahlen ausgelegt, zumal er den Vergaser-220-S nicht ablöst, sondern ergänzt. Streng genommen stellt er eine Art Versuchswagen in der Großerprobung in Kundenhand dar.

In zehn Baumonaten bleibt der Ur-220-SE mit einer Stückzahl von 1974 Wagen, von denen nicht wenige mit dem »Hydrak« ausgerüstet werden, fast exklusiv. Exklusiv ist auch der Mehrpreis, den der identisch ausgestattete Einspritzer gegenüber dem 220 S kostet – stattliche 1900 DM. In der Summe sind von allen Sechszylinder-Limousinen mit Ponton-Karosserie in fünfeinhalbjähriger Produktionsspanne 111 035 Einheiten ausgeliefert worden.

220 SE – aus diesem Blickwinkel vom 220 S nicht zu unterscheiden. Das Kennzeichen S – C 226 wurde jahrelang ausschließlich für Fotozwecke benutzt und trug keinen Zulassungsstempel.

Stuttgarter Zahlenspiele: Der Mittelwert aus 190 und 220 ist 219!

Mercedes-Benz 219 (W 105, 1956–1959)

Im Mai 1956 fächert sich die 2,2-Liter-Linie im Rahmen des bis in die 1960er-Jahre hinein praktizierten Baukastenprinzips in zwei – trotz enger stilistischer Verwandtschaft – charakterlich sehr unterschiedliche Modelle auf. Im Angebot befinden sich nun zwei Sechszylinder: Zusammen mit dem 220 S, der den legitimen Nachfolger des 220a verkörpert, stellt man zwei Monate vorher auf dem Genfer Salon ein vereinfachtes und relativ preisgünstiges Sechszylinder-Einstiegsmodell mit der ungewöhnlichen Typenbezeichnung 219 (Baumuster W 105) vor. Gerade diese erstmals (und dann nie wieder) bei einem Mercedes-Personenwagen verwendete »krumme« Bezifferung ohne Null in der Einerstelle ist es, die dem Ansehen dieses Modells – zu Hause weitaus mehr als im Ausland – wenig zuträglich ist. 219 ist eben numerisch nur fast, aber nicht ganz 220 – da fehlt etwas. Auch das betont schlichte Äußere ist dem Absatz eher hinderlich. Da scheint auch der Listenpreis wenig zu locken: Er liegt bis zum Fertigungsstopp konstant bei 10 500 DM. Damit ist der 219 nur einen guten Tausender teurer als der 190, aber zwei Tausender billiger als der 220a und der parallel gebaute 220 S.

Sinn und Daseinsberechtigung des 219 ist die Erschließung eines neuen Kundenkreises, wobei nicht nur potenzielle Aufsteiger von den Vierzylindertypen anvisiert werden, sondern auch eine Blickrichtung auf die Klientel des deutlich unter 10 000 DM angesiedelten Opel Kapitän unterstellt werden muss. Beim 219 handelt es sich im Grunde um nichts anderes als eine Mixtur der Typen 190 und 220a, ein Mittelding aus beiden – auch hinsichtlich der Abmessungen. Die Karosserie ab der A-Säule, das Fahrwerk, der Kraftstofftank und die innere und äußere Ausstattung stammen vom überarbeiteten 190, die unveränderte 85-PS-Maschine mit dem zugehörigen Getriebe und der längere Vorbau samt Kühlergesicht wurden vom 220a übernommen. Die betont komfortabel ausgelegte und dadurch mit vier Lenkradumdrehungen von Anschlag zu Anschlag ausgesprochen indirekte Lenkung ist hingegen mit der des 220 S identisch. Von vorn sieht dieser Zwitter bis auf die fehlenden, aber als Sonderausstattung nachrüstbaren Nebellampen aus wie ein 220a, von hinten dagegen exakt wie ein 190. In der Seitenansicht vermisst man die großen Raddeckel mit den geschlitzten Zierblenden. Augenfällig sind natürlich auch der gegenüber dem 220a um 70 mm reduzierte Radstand und die um 65 mm geringere Gesamtlänge.

Pures Understatement: Aus dieser Perspektive kann man den 219 mit einem 190 verwechseln.

Das im Vergleich zum 220a um 65 kg niedrigere Leergewicht wirkt sich auf die Fahrleistungen nicht in dem Maße aus, wie man es erwarten würde. Die Spitze von knapp 150 km/h ist praktisch die gleiche, die Standardbeschleunigung vollzieht sich um etwa eine gute Sekunde schneller. Im Ganzen ist der 219 aber wegen seines kürzeren Radstandes zwar deutlich wendiger, wegen seiner langsamen Lenkung aber nicht agiler. Im August 1957 wird auch er in die Modellpflegemaßnahmen einbezogen: Durch Anheben der Verdichtung von $\varepsilon = 7{,}6$ auf $\varepsilon = 8{,}7$ steigt die Motorleistung auf 90 PS. Da der 219 gleichzeitig eine längere Antriebsübersetzung erhält, nimmt seine Höchstgeschwindigkeit spürbar, sein Temperament aber kaum zu. In Ostafrika erlangt der 219 sportliche Ehren: 1958 bis 1960 gewannen privat eingesetzte

TECHNISCHE DATEN 219 »Ponton«	
Modell	**219**
Baumuster (Schiebedach)	W 105; 105.010 (105.011)
Karosserieform	viertürige Limousine
Bauzeit	03/1956–07/1959
Motor	
Bauart (Viertakt-Otto)	Reihen-Sechszylinder M 180 II
Hubraum in cm^3	2195
Bohrung × Hub in mm	80 × 72,8
Leistung in PS/kW bei min^{-1}	85/63 bei 4800; ab 08/1957: 90/66 bei 4800
max. Drehmoment in Nm bei min^{-1}	160 bei 2400; ab 08/1957: 170 bei 2400
Ventilsteuerung; Ventile pro Zylinder	ohc (1 oben liegende Nockenwelle, Doppelrollenkette); 2
Gemischaufbereitung	1 Fallstrom-Doppelvergaser Solex 32 PAATJ
Verdichtung	7,6; ab 08/1957: 8,7
Elektrik	12 Volt; Batterie 42 Ah, ab 09/1955: 56 Ah
Lichtmaschine	160 Watt
Kraftübertragung	
Getriebe	4-Gang-Schaltgetriebe, voll synchronisiert
Antrieb	Hinterräder
Rahmen und Fahrwerk	
Aufbau, Rahmen	selbsttragende Ganzstahlkarosserie; Rahmen-Boden-Anlage
Radaufhängung vorn	einzeln an Doppelquerlenkern
Radaufhängung hinten	Eingelenk-Pendelachse
Lenkung	Kugelumlauflenkung
Bremsen	hydraulisch; a. W. mit Unterdruck-Bremskraftverstärker; 4 Trommeln
Felgengröße	5 K × 13
Bereifung	6.40–13
Maße und Gewichte	
Radstand in mm	2750
Spur vorn/hinten in mm	1430/1470

TECHNISCHE DATEN 219 »Ponton«	
Modell	**219**
Maße und Gewichte	
Länge/Breite/Höhe in mm	4650 (ab 08/57: 4680)/1740/1560
Leergewicht in kg	1260
Tankinhalt in l	56
Leistungsdaten	
Höchstgeschwindigkeit in km/h	148
Beschleunigung 0–100 km/h in sec	17
Kraftstoffverbrauch in l/100 km	11,2
Sonstiges	
Stückzahl (ohne Fahrgestelle für Sonderaufbauten)	27 842
Preis bei Markteinführung	DM 10 500

219 dreimal hintereinander die barbarische East African Safari und deren Vorgängerveranstaltung.
Der Kupplungsautomat »Hydrak« ist nun auch für den 219 lieferbar. Analog zu den anderen Ponton-Typen werden die Stoßstangen verstärkt und mit längeren Hörnern versehen. Dadurch wächst die Außenlänge um drei Zentimeter. Die Innenausstattung wird den Schwestertypen entsprechend aufgewertet. Im Juli 1959 läuft der letzte 219 vom Band – Fertigungsergebnis in 37 Monaten: 27 845 Einheiten. Der Exportanteil beträgt rund 60 Prozent. Dafür liegen die Zulassungszahlen in der Heimat gerade bei einem knappen Viertel des Marktanteils, den das Auto vorweisen kann, auf das er angesetzt wurde: der Opel Kapitän.

Das Titelbild des wohl letzten 219-Prospekts von 1958. Die Nebelscheinwerfer mussten als Sonderausstattung geordert werden.

Haute Couture, mit Lametta garniert: die Coupés und Cabriolets der Ponton-Generation

Mercedes-Benz 220 S / 220 SE Coupé und Cabriolet (W 180 II, 1956–1959 / W 128, 1958–1960)

Der bei Mercedes-Benz seit Jahrzehnten übliche Brauch, das Karosserieangebot besonders der oberen Wagenklassen durch Cabriolets und später auch Coupés zu krönen, sollte auch mit den Ponton-Sechszylindern fortgesetzt werden. 1954 wird dementsprechend ein 220a Cabriolet angekündigt und im September 1955 auf der Frankfurter IAA ein attraktives »220 A/C« genanntes Cabriolet auf der Basis des Ponton-Sechszylinders vorgestellt. In Produktion geht es – obwohl in Prospekten und Preislisten verzeichnet – jedoch nicht. Die Bezeichnung »A/C« entspricht der traditionellen, aber sich dem Ende zuneigenden Mercedes-Nomenklatur für offene Karosserievarianten und bezieht sich von jeher auf die Zahl der Türen, Fenster und Sitze: »A« für zwei Türen, zwei Seitenfenster und zwei bis drei Sitze mit hinterer Notsitzbank bzw. Gepäckablage, »C« für die gleiche Konfiguration, aber mit einer vollwertigen Rücksitzbank für zwei Personen. Das projektierte Ponton-Cabriolet war demnach in zwei Versionen vorgesehen.

Aber es kommt erst einmal anders. Das Ponton-Cabriolet lässt trotz des für das zweite Quartal 1956 vorgesehenen Fertigungsstarts und einer Vielzahl von Bestellungen noch zehn Monate auf sich warten, da sich die Entwicklungsarbeiten verzögern. Offene Varianten selbsttragender Karosserien unterliegen schließlich eigenen Gesetzmäßigkeiten und setzen vor allem in Sindelfingen bisher noch kaum vorhandene Erfahrungen bezüglich Steifigkeit und Verwindungsfestigkeit voraus. Diese Routine gilt es in eiligen Versuchsreihen zu erlangen. Zunächst muss noch der Klassiker im Programm aushelfen: Das 220 Cabriolet A mit Vollrahmen auf Basis der alten Baureihe W 187 und das zugehörige Coupé werden noch bis August 1955 parallel zum 220a gebaut. Dann beginnt in der Mercedes-Oberklasse ein frischluftarmes Zwischenspiel, das erst im Juli 1956 zu Ende geht, als endlich die Produktion des 220 S Cabriolet anläuft. Von der Alternative »A/C« ist keine Rede mehr. Wegen der Notsitzbank im Fond wird anfangs die Bezeichnung »220 S Cabriolet A« benützt. Da eine Unterscheidung nicht mehr nötig ist, entfällt das Suffix bald.

Das 220 S Cabriolet baut auf der um 120 mm ge-

220 S Cabriolet, der Hauptserie entsprechendes Vorserienmodell, 1956.

Das Vorserienauto mit geöffnetem, voll versenkbarem Verdeck.

kürzten Bodengruppe der Limousine auf und verfügt über deren Technik. Die Rahmen-Boden-Anlage der Ponton-Cabriolets musste allerdings konzeptbedingt intensiv durch Stahlverstärkungen und Leichtmetall-Querträger versteift werden. Daher liegt das Leergewicht trotz des geringeren Radstandes 60 kg über dem der Limousine. Die Gesamtlänge hat freilich wegen des beträchtlichen Hecküberhangs gegenüber dem Viertürer nur um kaum wahrnehmbare 15 mm abgenommen. Die Breite hingegen ist um spürbare 50 mm gewachsen und bewirkt einen stärkeren Auftritt. In seiner Linienführung lehnt sich das elegante Auto zwar erkennbar an die Limousine an, die meisten Blechpressteile sind aber außerhalb der Großserie spezifisch für das Cabrio konzipierte Komponenten. Im Gegensatz zur mit nahezu britischem Understatement unaufdringlich gestylten Limousine ist hier nicht mit Chromzierrat geknausert worden. Besonders der Radlaufchrom erscheint nach heutigem Gusto zu üppig. Im Prospekt wird dieser Auftritt idealisiert: Von »zeitloser Eleganz« kann wohl ebensowenig die Rede sein wie vom »harmonischen Zusammenspiel von Lack und Chrom«. Dem barocken Erscheinungsbild kann durch die auf Sonderwunsch lieferbare, nicht in jedem Fall geschmackssichere

Das Ponton-Cabriolet in der Einspritzvariante: 220 SE, 1958.

Zweifarben-Lackierung die Krone aufgesetzt werden.

Im Oktober 1956 folgt ein Coupé mit identischer Linienführung und ebenso reichem Dekor. Sein Dachaufbau wirkt mit der umlaufenden Zierleiste und dem großen Panorama-Rückfenster wie ein abnehmbares Hardtop. Wegen der minder versteiften Rahmen-Boden-Anlage ist das Coupé 35 kg leichter als das Cabriolet. Platzangebot und Ausstattung sind aber

Das Ponton-Coupé wirkt wie ein Cabriolet mit Hardtop.

TECHNISCHE DATEN »Ponton« Coupés und Cabriolets

Modell	220 S Coupé	220 S Cabriolet	220 SE Coupé	220 SE Cabriolet
Baumuster	W 180 II; 180.037	W 180 II; 180.030	W 128; 128.037	W 128; 128.030
Karosserieform	zweitüriges Coupé	zweitüriges Cabriolet	zweitüriges Coupé	zweitüriges Cabriolet
Bauzeit	10/1956–10/1959	07/1956–10/1959	10/1958–11/1960	
Motor				
Bauart (Viertakt-Otto)	Reihen-Sechszylinder M 180 III		Reihen-Sechszylinder M 127 I	
Hubraum in cm^3	2195			
Bohrung × Hub in mm	80 × 72,8			
Leistung in PS/kW bei min^{-1}	100/74 bei 4800; ab 08/1957: 106/78 bei 5200		115/85 bei 4800; ab 08/1959: 120/88 bei 4800	
max. Drehmoment in Nm bei min^{-1}	165 bei 3500; ab 08/1957: 175 bei 3500		190 bei 3800; ab 08/1959: 193 bei 3900	
Ventilsteuerung; Ventile pro Zylinder	ohc (1 oben liegende Nockenwelle, Doppelrollenkette); 2			
Gemischaufbereitung	2 Fallstrom-Registervergaser Solex 32 PAJTA		mechanisch geregelte Saugrohreinspritzung; 6-Stempel-Einspritzpumpe	
Verdichtung	7,6; ab 08/1957: 8,7		8,7	
Elektrik	12 Volt; Batterie 56 Ah			
Lichtmaschine	160 Watt		240 Watt	
Kraftübertragung				
Getriebe	4-Gang-Schaltgetriebe, voll synchronisiert; ab 08/1957 a. W. mit hydraulisch-automatischer Kupplung »Hydrak«			
Antrieb	Hinterräder			
Rahmen und Fahrwerk				
Aufbau, Rahmen	selbsttragende Ganzstahlkarosserie; Rahmen-Boden-Anlage			
Radaufhängung vorn	einzeln an Doppelquerlenkern			

TECHNISCHE DATEN »Ponton« Coupés und Cabriolets

Modell	220 S Coupé	220 S Cabriolet	220 SE Coupé	220 SE Cabriolet
Rahmen und Fahrwerk				
Radaufhängung hinten	Eingelenk-Pendelachse			
Lenkung	Kugelumlauflenkung			
Bremsen	hydraulisch mit Unterdruck-Bremskraftverstärker; Trommeln vorne und hinten			
Felgengröße	5 K × 13		5 K × 13 B	
Bereifung	6,70–13 Sport			
Maße und Gewichte				
Radstand in mm	2700			
Spur vorn/hinten in mm	1430/1470			
Länge/Breite/Höhe in mm	4700/1790/1530			
Leergewicht in kg	1350 (mit Hydrak 1365)	1380 (mit Hydrak 1400)		1410 (mit Hydrak 1430)
Tankinhalt in l	64		62	
Leistungsdaten				
Höchstgeschwindigkeit in km/h	160		160; ab 08/1959: 165	
Beschleunigung 0–100 km/h in sec	17		15	
Kraftstoffverbrauch in l/100 km	10,7 (mit Hydrak 10,9)			
Sonstiges				
Stückzahl	1251	2178	830	1112
Preis bei Markteinführung	DM 21500		DM 23400	

Ponton-Coupé aus dem Bestand von Mercedes-Benz Classic.

identisch. Beide 2+2-Ponton-Abkömmlinge nehmen an sämtlichen Modellpflegemaßnahmen und Angebotserweiterungen der Limousine teil: So erhalten sie im August 1957 den 106-PS-Motor und die veränderten Stoßstangen und können auf Sonderwunsch mit dem Kupplungsautomaten »Hydrak« ausgerüstet werden.

Ab September 1958 sind Cabrio und Coupé der Ponton-Familie auch in der SE-Version mit dem 115 PS, analog zur neuen Limousinen-Baureihe W 111/3 ab August 1959 dann 120 PS starken Einspritzmotor lieferbar. Ihre Fertigungsdauer reicht bis November 1960. Bis dahin sind vom Einspritzer 1112 Cabriolets und 830 Coupés gebaut worden. Die Vergaser-Varianten beenden dagegen ihr Dasein im Lieferprogramm bereits im Oktober 1959 nach einem Produktionsergebnis von 2178 Cabriolets und 1251 Coupés. Beide Aufbauarten sind stets gleich teuer: Die 220-S-Versionen kosten 21500 DM, die Einspritzer 23400 DM. Im August 1959 werden die SE-Preise um 200 DM gesenkt. Der Preisabstand zu den Limousinen ist wie beim Vorgänger beträchtlich. Der Aufpreis beträgt bei allen Versionen 9000 DM, was immerhin dem Gegenwert eines gut ausgestatteten 180b entspricht.

Mit Mercedes-Cabrios zweier Generationen in Italien unterwegs: vorn 220 SE (W 128), dahinter 220 Cabriolet A (W 187).

Von Peilstegen, Knautschzonen und Rallyesiegen: die Heckflossen-Sechszylinder

Mercedes-Benz 220b (W 111/1), Sb (W 111/2) und SEb (W 111/3) (1959–1965)

Der Genfer Automobilsalon im März 1959 markiert eine Kursänderung im europäischen Autostyling: Die rundliche Ponton-Mode ist definitiv veraltet. Jenseits des Atlantiks beginnen 1955 die Heckflossen zu sprießen – immer verwegener, immer bizarrer, um 1959 den Höhepunkt der Groteske zu erreichen. Die Flossenmode schwappt wie alle anderen Zeiterscheinungen vom Petticoat zum Rock ’n’ Roll hinüber in die Alte Welt. Dort beginnen die Italiener, bei der automobilen Formgestaltung den Ton anzugeben – allen voran Sergio Pininfarina: Er kreiert seine streng geometrisch aufgebaute, kantige und lichte »Trapezlinie«, der sich ab 1957 Lancia und Alfa Romeo bedienen. Zum Genfer Salon 1959 folgen Fiat und BMC mit Großserienmodellen, der Peugeot 404 befindet sich im fortgeschrittenen Embryonalstadium. Bei Daimler-Benz muss man sich dieser Strömung trotz der traditionellen Devise »modern, aber nicht modisch« anschließen, da das Unternehmen in zunehmendem Maße exportorientiert ist. Vor allem der amerikanische Käufergeschmack fließt – zumindest abgemildert – in stilistische Überlegungen ein.

Im Frühjahr 1956 läuft die Entwicklung der dritten 220-Generation unter Josef Müller, Karl Wilfert und Rudolf Uhlenhaut an. Bereits ein Jahr später ist der Rohentwurf der Karosserie fertig, Anfang 1958 beginnt der Straßenversuch, der mehr als drei Millionen Streckenkilometer umfasst – eine hausinterne Bestleistung. Im Mai 1959 wird die Vorserie aufgelegt und die Produktion vorbereitet. Im August findet im französischen Jura die Pressevorstellung statt, im September 1959 folgt der erste öffentliche Auftritt auf der IAA in Frankfurt. Die drei Ausführungen der Baureihe W 111 setzen die bei den Ponton-Limousinen eingeführte Abstufung fort: Der 220b ersetzt als etwas schmucklosere, schwächer motorisierte, aber normal große Einstiegsversion den 219. Der 220 Sb ist in üblicher Weise mit Vergaser- und der 220 SEb mit Einspritzmotor ausgerüstet.

Das völlig neue Styling erregt Aufsehen. Die gemäßigte Trapezlinie ist auf dezente Weise mit Stilelementen nordamerikanischen Ursprungs durchdrungen. Die

Die Neuauflage der Mercedes-Oberklasse – hier ein 220 SEb – trat 1959 in maßvoller Trapezlinie an.

Die dritte Generation der Zweihundertzwanziger empfahl sich als komfortabler, ausdauernder Reisewagen.

Hier offenbart ein 220 Sb sein nutzbares Kofferraumvolumen von 640 Litern und die als »Peilstege« bezeichneten Heckflossen.

Die senkrecht stehenden Leuchteinheiten prägen das Kühlergesicht.

Wagen wirken auf Anhieb ansprechend und bei einem gelinden Hauch Konservatismus hochelegant. Die Heckflossen, die vom Untertürkheimer Marketing als »Peilstege« bezeichnet werden, da sie das Rückwärtsfahren erleichtern sollen, die Panorama-Heckscheibe und die großen waagrechten Heckleuchten des Sb und SEb harmonieren mit dem trapezförmigen Pavillon des Daches und den durch eine Presssicke gegliederten Flanken. Bei einem um 70 mm geringeren Radstand ist die Gesamtlänge um 125 mm größer als beim Vorgänger – wirkt aber ungleich gestreckter. Dieser Zuwachs kommt vor allem dem immensen, um 50 Prozent gewachsenen Kofferraum zugute. Diesem vermeintlichen Gigantismus liegt aber ein edleres Motiv zugrunde: Durch das ausladende Heck entstand eine im Falle einer Heckkollision wirksame Knautschzone.

Auch im Bugbereich ist solch eine energieabsorbierende Sektion integriert. Dieses Fundamentalprinzip der passiven Sicherheit, die »gestaltfeste Fahrgastzelle, umgeben von Knautschzonen vorn und hinten« war schon im Januar 1951 von Béla Barényi und der Daimler-Benz A.G. unter der Nummer 854157 zum Bundespatent angemeldet worden und wird bis 1969 gehalten. Das formstabil perfektionierte Passagierabteil ist eines der Attribute, die dem Fabrikat Mercedes-Benz bis in die Gegenwart eine Hegemonie auf dem Gebiet der Sicherheitsforschung einräumt. Die Flossen-220er sind die ersten Mercedes und zählen zu den ersten Automobilen überhaupt, die systematischen Crash-Tests in wissenschaftlich fundierten Versuchsreihen von Überschlagversuchen, Frontal- und Heckkollisionen bis hin zu Seitenaufprall-Tests und dem Einsatz von Dummies unterworfen werden. Trotz der völlig veränderten Karosseriestruktur und des erheblich größeren Fahrzeugvolumens hat sich das Leergewicht im Vergleich zum Vorgänger nicht verändert.

Das Kühlergesicht wird von den vertikalen Leuchteinheiten geprägt, die das Trapezthema in der Seitenansicht auf Höhe der Prägesicke durch einen gelungenen Knick fortsetzen. Die Stoßstangen sind in ihrer massigen Ausformung und mit ihren aufgesetzten Stoßecken (Sb und SEb) an den amerikanischen Geschmack angepasst. Die Kühlermaske ist um fünf Zentimeter niedriger geworden und betont zusammen mit den Belüftungskiemen zwischen Grill und Scheinwerfern sowie durch die breite Lufthutze vor der Windschutzscheibe die Horizontale. Gegenüber dem Vorgänger hat die Wagenbreite ohnehin um 55 mm zugenommen. Dieses Plus kommt der Sitzbreite zugute. Die Gesamthöhe hat sich um 30 mm vermindert. Erstmals werden statt der gewohnterweise parallel laufenden Scheibenwischer gegenläufige »Schmetterlingswischer« verwendet, deren Wischfelder sich in der Scheibenmitte überlappen. Im Innenraum findet sich ein häufig bemängeltes Stilelement: Der vertikale Signaltachometer im reichhaltigen Kombiinstrument ist nicht exakt ablesbar und wird salopp als »Fieberthermometer« bezeichnet.

Zwischen 220b einerseits und 220 Sb und SEb andererseits gibt es ein nicht zu übersehendes Ausstattungsgefälle. Am augenfälligsten ist der Unterschied in der Heckansicht: Die hinteren Leuchteinheiten des

Das Basismodell 220b vermittelt trotz vereinfachter Ausstattung das elegante Flair der Baureihe W 111.

220b sind wesentlich kleiner als die der Schwestermodelle. Dadurch erfolgt die Nummernschildbeleuchtung, die bei S und SE Bestandteil der Rücklichter ist, von der Stoßstange aus. Der vereinfachte 220 entbehrt die aufgesetzten Ecken der hinteren Stoßstange ebenso wie einiges Lametta ringsum. Auch Liegesitzbeschläge, Radzierringe, Mittelarmlehne im Fond und Kartentaschen an den Vordertüren gibt es nur bei den beiden »S«-Modellen.

Bei Chassis, Fahr- und Triebwerk gibt es keine Umwälzungen. Man verwendet im Prinzip die Rahmen-Boden-Anlage weiter – allerdings die des 219. Die Spur wurde hinten um 14, vorn um 40 mm verbreitert. Durch Verstärkung der Hauptlängsträger und Tieferlegen des Wagenbodens konnte die Kopffreiheit trotz reduzierter Dachhöhe beibehalten werden. Der Fahrschemel hat sich zum bloßen Querträger reduziert. Vorderachsgeometrie und Lenkung sind im Prinzip unverändert. Ab August 1961 gibt es gegen Aufpreis eine deutlich direkter übersetzte Servolenkung. Eine horizontale Ausgleichsfeder über der hinteren Eingelenk-Pendelachse stützt sich auf beiden Achshälften ab und sorgt für eine gleichmäßige Verteilung der Achslast auf die Antriebsräder. Ab August 1963 wird für die Hinterachse eine Zusatz-Luftfederung als Sonderzubehör lieferbar. An den Bremsen hat sich wenig geändert. Der 220b erhält den Bremskraftverstärker nur auf Sonderwunsch. Ab April 1962 werden 220 S und SE an den Vorderrädern mit britischen Girling Scheibenbremsen ausgerüstet. Der 220b folgt im August 1963. Zu diesem Zeitpunkt werden alle 220-Bremssysteme auf Zweikreishydraulik umgestellt.

Einschneidende Änderungen waren auch bei den Motoren nicht nötig. Die gelinde Überarbeitung des Ventiltriebs, natriumgefüllte Auslassventile zur besseren Wärmeableitung und eine kleinere Ölwanne sind Nebensache. Bemerkenswerter ist dagegen die modifizierte Gemischaufbereitung: Der 220b wird durch zwei Solex-Fallstromvergaser der Bauart 34 PJCB versorgt. Der 220 Sb behält zwar zunächst seine beiden Solex 34 PAJTA, wird aber ab Juli 1963 mit zwei gleichfalls in Registeranordnung arbeitenden Zenith 35/40 INAT mit Startautomatik ausgerüstet. Beim 220 SEb wurde die Form der Ansaugrohre leistungsfreudiger gestaltet. Die Motorleistungen haben durch diese moderaten Kuren etwas zugelegt: Der 220b leistet nun 95 PS gegenüber den 90 PS des 219. Der

220 Sb von 1959 mit den zeittypischen optionalen Weißwandreifen.

Das schwedische Damenteam Ewy Rosqvist/ Ursula Wirth errang 1962 auf einem Werks-220-SEb den Gesamtsieg beim mörderischen *Gran Premio Internacional de Turismo* in Argentinien.

1963 siegte das Team Dieter Glemser/Martin Braungart auf einem 220 SEb beim Rajd Polski – der wohl westlichsten der Ostblock-Rallyes.

Die schwedisch-deutsche Besatzung Ewy Rosqvist/ Eva-Maria Falk landete 1964 bei der Rallye Monte Carlo auf ihrem Werks-220-SEb den Sieg in ihrer Hubraumklasse.

220 Sb gibt 110 PS ab und der Einspritzer leistet 120 statt 115 PS. Die überarbeiteten Motoren laufen dank einer vergrößerten Schwungscheibe ruhiger.

Die Kupplung wurde nun hydraulisch betätigt. Die Getriebe sind neu abgestuft worden. Erst ab Oktober 1964 ist auf Wunsch eine Knüppelschaltung in Wagenmitte lieferbar. Bis Frühjahr 1961 gibt es noch den Kupplungsautomaten »Hydrak« der Vorgängermodelle als Extra. Ab August 1962 ist für einen Aufpreis von 1400 DM eine im eigenen Hause entwickelte Viergang-Vollautomatik mit hydraulischer Kupplung erhältlich. Der ersten Mercedes-Automatik sagt man zuweilen nervöses Hin- und Herschalten und vor allem deutliche Schaltrucke nach.

Über Mangel an Temperament kann man sich bei keiner der drei Versionen beklagen, selbst der biedere 220b übertrifft im Test die 160-km/h-Marke und beschleunigt aus dem Stand in 15,5 Sekunden auf 100 km/h. Der 220 Sb benötigt dafür knapp 14 Sekunden und läuft fast 170 km/h. Der 220 SEb hat bei einer Spitze von 174 km/h in weniger als 13 Sekunden 100 km/h erreicht. Die Flossen-220er zählen zu ihrer Zeit zu den Schnellen auf der Straße. Kein Wunder, dass ihnen eine Sportlerkarriere in die Wiege gelegt wird. Der Erfolgsnachweis vor allem des 220 SEb ist umfassend und beginnt im Januar 1960 mit einem Dreifachsieg bei der Rallye Monte Carlo. Die Saison 1960 wird mit dem Gewinn der Rallye-Europa-Meisterschaft beendet. Dieser Erfolg wird einige Male wiederholt. Nicht nur auf Geröll, auch auf der Rundstrecke profiliert sich der 220 SEb. Den 117 Siegen des Jahres 1960 stehen 133 in der Saison 1961 gegenüber. Langstrecken-Rallyes auf Pisten und Naturstraßen in Osteuropa, Afrika und Südamerika werden 1961 und 1962 zur Domäne der ebenso leistungsfähigen wie standfesten 220 SEb.

Ein Erfolg ganz anderer Art spielt sich im Neuwagengeschäft der Bundesrepublik ab, wo es gelingt, den Opel Kapitän erstmals und entscheidend als Marktführer der Oberklasse zu verdrängen. Mit 10 675 DM ist der große Rüsselsheimer nicht mehr viel billiger als der 220b, der 11 500 DM kostet. Der 220 Sb steht mit 13 250 DM in der Liste, der 220 SEb ist für 14 950 DM zu haben. Im April 1962 werden diese Preise um 500 DM angehoben. Meistverkaufter Heckflossen-220 ist der 220 Sb mit 161 119 gefertigten Einheiten. Die Basisversion 220b bringt es bis zu ihrer Ablösung durch den kompakten 230 einschließlich dreier Fahrgestelle für Sonderaufbauten auf 69 691 Exemplare. Vom 220 SEb entstehen 66 086 Stück.

Mercedes-Benz 300 SE und 300 SE lang (W 112/3, 1961–1965)

Die Stuttgarter Baukastenspiele erreichen im August 1961 einen ersten Höhepunkt, als der exklusive 300d alias »Adenauer« für kurze Zeit Gesellschaft von einem weniger illustren, aber dennoch distinguierten Beinahe-Namensvetter erhält: Der 300 SE auf Basis der Heckflossen-220er wird am Schloss Solitude vorgestellt. Eine kleine Vorserie läuft bereits seit April 1961. Auf den ersten Blick erscheint es wie ein Widerspruch, dass nun ein weiterer Dreihunderter auftritt – diese Zahlenkombination ist immerhin hochkarätig belegt –, der sein Karosserieblech mit den weniger exklusiven Modellen der Baureihe W 111 und, noch extremer, sogar mit dem gleichzeitig vorgestellten, erheblich banaleren Vierzylinder 190c (W 110) teilt.
Nun ist der 300 SE als Spitzenreiter des Flossen-Baukastens zwar mehr als doppelt so teuer wie der 220b

Dreihunderter auf profaner Basis – nur der Chromschmuck hob den 300 SE von den Zweihundertzwanzigern ab.

Auch in der Heckansicht ist der zusätzliche Chromschmuck klar zu erkennen.

an der Basis der Sechszylinder-Modellreihe, er ist aber keinesfalls als Ersatz für den 300d – der schließlich einer höheren Kategorie angehört – vorgesehen. Der eigentliche Nachfolger des 300d wird 1964 der 600 sein. Bis dahin muss der 300 SE fast zweieinhalb Jahre lang eine Position einnehmen, für die er eigentlich nicht geschaffen ist. Denn er ist auserkoren als Hightech-Vollendung der Flossen-Limousinen – als Hochleistungs-Reisewagen mit optimalem Fahrkomfort. Im Verkehrsbild sind 300 SE und 220 S/SE nur für Kenner auf den ersten Blick auseinanderzuhalten. Äußeres Unterscheidungsmerkmal des 300 SE ist sein reichlicher Schmuckbehang bis hin zum Radlaufchrom. Auch die opulente Inneneinrichtung hebt ihn von den Zweihundertzwanzigern ab.
Die eigentliche Show spielt sich aber unter dem Blech ab: Mit Leichtmetallmotor, Automatikgetriebe, Luftfederung, Servolenkung, Sperrdifferenzial und Vierrad-Scheibenbremsen werden alle Register des Untertürkheimer Know-how gezogen. Der Dreiliter-Sechszylinder des Baumuster M 189 – nicht zu verwechseln mit dem identisch bezeichneten, aber nicht baugleichen Motor des 300d – bezieht seine Gene aus dem Stamm-Triebwerk der gesamten Dreihunderter-Familie einschließlich 300 SL und besitzt dessen Zylinderabmessungen in leicht langhubigerer Auslegung. Allerdings besteht der Zylinderblock des 300-SE-Motors aus einer Aluminiumlegierung und ist mit trockenen Laufbüchsen versehen. Die aufwendige Fertigung der 300-SE-Maschine begrenzt die Monatsproduktion auf maximal 500 Exemplare. Doch auch dieses Ergebnis wird niemals auch nur annähernd erreicht.
Im Vergleich zur Graugussausführung des 300d wiegt der 300-SE-Block fast 40 Kilogramm weniger. Thermisch erweist sich der neue Dreiliter als kerngesund. Die Gemischaufbereitung erfolgt wie beim 220 SEb per Saugrohreinspritzung mit Zweistempelpumpe. Der 300-SE-Motor gibt bei 5000/min 160 PS ab, von denen ein erheblicher Teil zum Antrieb der Nebenaggregate benötigt wird – für den Kompressor der Luftfederung, die Hydraulikpumpe der Servolenkung oder den Luftpresser der auf Wunsch lieferbaren Klimaanlage. Von Anfang an ist der Wunsch nach

TECHNISCHE DATEN große »Heckflossen«-Sechszylinder W 111 und W 112

Modell	220b	220 Sb	220 SEb	300 SE	300 SE lang	230 S	230 S Universal
Baumuster	W 111/1; 111.010	W 111/2; 111.012	W 111/3; 111.014	W 112/3; 112.014	W 112/3; 112.015	W 111/1 A; 111.010	W 111/1 A; 111.001
Karosserieform	viertürige Limousine						fünftüriger Kombi
Bauzeit	08/1959–08/1965	08/1959–07/1965	08/1959–08/1965	04/1961–07/1965	03/1963–08/1965	07/1965–01/1968	08/1966–01/1968
Motor							
Bauart (Viertakt-Otto)	Reihen-Sechszylinder M 180 IV	Reihen-Sechszylinder M 180 V	Reihen-Sechszylinder M 127 III	Reihen-Sechszylinder M 189 III, ab 01/1964: M 189 V		Reihen-Sechszylinder M 180 VIII	
Hubraum in cm³	2195			2996		2306	
Bohrung × Hub in mm	80 × 72,8			85 × 88		82 × 72,8	
Leistung in PS/kW bei min^{-1}	95/70 bei 4800	110/81 bei 5000	120/88 bei 54800	160/118 bei 5000; ab 01/1964: 170/125 bei 5400		120/88 bei 5400	
max. Drehmoment in Nm bei min^{-1}	172 bei 3200	175 bei 3500	193 bei 3900	256 bei 3800; ab 01/1964: 254 bei 4000		182 bei 4000	
Ventilsteuerung; Ventile pro Zylinder	ohc (1 oben liegende Nockenwelle, Doppelrollenkette); 2						
Gemisch-aufbereitung	2 Fallstrom-vergaser Solex 34 PJCB	2 Fallstrom-Registervergaser Solex 34 PAJTA; ab 07/1963: 2 Fallstrom-Registervergaser Zenith 35/40 INAT mit Start-automatik	mechanisch geregelte Saug-rohreinspritzung mit 2-Stempel-Pumpe	mechanisch geregelte Saugrohr-einspritzung mit 2-Stempel-Pumpe; ab 01/1964: 6-Stempel-Einspritz-pumpe		2 Fallstrom-Registervergaser Zenith 35/40 INAT mit Startautomatik	
Verdichtung	8,7			8,7; ab 01/1964: 8,8		9,0	
Elektrik	12 Volt; Batterie 56 Ah, ab 09/1962: 52 Ah		12 Volt; Batterie 60 Ah, ab 04/1963: 55 Ah	12 Volt; Batterie 66 Ah		12 Volt; Batterie 44 Ah	

TECHNISCHE DATEN große »Heckflossen«-Sechszylinder W 111 und W 112							
Modell	**220b**	**220 Sb**	**220 SEb**	**300 SE**	**300 SE lang**	**230 S**	**230 S Universal**
Motor							
Lichtmaschine	240 Watt			300 Watt		Drehstrom 490 Watt	
Kraftübertragung							
Getriebe	4-Gang-Schaltgetriebe, voll synchronisiert; ab 08/1962 a. W. 4-Stufen-Automatikgetriebe		4-Gang-Schaltgetriebe, voll synchronisiert; ab 04/1961 a. W. 4-Stufen-Automatik	4-Stufen-Automatikgetriebe; a. W. 4-Gang-Schaltgetriebe, voll synchronisiert; a. W. 5-Gang-Schaltgetriebe ZF, voll synchronisiert		4-Gang-Schaltgetriebe, voll synchronisiert; a. W. 4-Stufen-Automatikgetriebe	
Antrieb	Hinterräder						
Rahmen und Fahrwerk							
Aufbau, Rahmen	selbsttragende Ganzstahlkarosserie; Rahmen-Boden-Anlage						
Radaufhängung vorn	einzeln an Doppelquerlenkern			Doppelquerlenker; 2 Luftkammer-Federbälge		einzeln an Doppelquerlenkern	
Radaufhängung hinten	Eingelenk-Pendelachse mit Ausgleichsfeder			Eingelenk-Pendelachse mit Niveauregulierung; 2 Luftkammer-Federbälge		Eingelenk-Pendelachse mit hydropneumatischer Ausgleichsfeder und Niveauregulierung	
Lenkung	Kugelumlauflenkung					Kugelumlauflenkung; a. W. Servolenkung	
Bremsen	hydraulisch; a. W. mit Bremskraftverstärker; 4 Trommeln; ab 08/1963: Zweikreis-Anlage und Scheibenbremsen vorn	hydraulisch mit Unterdruck-Bremskraftverstärker; 4 Trommeln, ab 04/1962 vorn Scheibenbremsen; ab 08/1963: Zweikreis-Anlage		hydraulische Zweikreis-Bremsanlage mit Unterdruck-Bremskraftverstärker; 4 Scheiben		hydraulische Zweikreis-Bremsanlage mit Unterdruck-Bremskraftverstärker; vorn Scheiben, hinten Trommeln	
Felgengröße	5 JK × 13 B			5½ JK × 13 B		5 JK × 13 HB	

TECHNISCHE DATEN große »Heckflossen«-Sechszylinder W 111 und W 112

Modell	220b	220 Sb	220 SEb	300 SE	300 SE lang	230 S	230 S Universal
Rahmen und Fahrwerk							
Bereifung	6,70–13, ab 08/1960: 7,25–13	6,70–13 Sport, ab 08/1960: 7,25–13 Sport		7,50 H 13		7,25 S 13	
Maße und Gewichte							
Radstand in mm	2750				2850	2750	
Spur vorn/hinten in mm	1470/1485; ab 08/1963: 1482/1485	1470/1485; ab 04/1962: 1482/1485		1482/1490		1482/1485	
Länge/Breite/Höhe in mm	4875/1795/1510			4875/1795/1455	4975/1795/1455	4875/1795/1500	4885/1795/1530
Leergewicht in kg	1320	1345	1375	1565	1615	1350	1445
Tankinhalt in l	52; ab 08/1960: 65	65		65; ab 01/1963: 82	82	65	
Leistungsdaten							
Höchstgeschwindigkeit in km/h	150	160	165	je nach Motor, Getriebe und Achsantrieb 175 bis 200		175	
Beschleunigung 0–100 km/h in sec	14,6	13,6	12,7	je nach Motor, Getriebe und Achsantrieb 10,7 bis 11,5		12,5	13
Kraftstoffverbrauch in l/100 km	11,2	10,7		je nach Motor, Getriebe und Achsantrieb 11,5 bis 14,5		11,2	11,5
Sonstiges							
Stückzahl (ohne Fahrgestelle für Sonderaufbauten)	69 688	161 119	66 086	5202	1546	40 766	341
Preis bei Markteinführung	DM 11 500	DM 13 250	DM 14 950	DM 24 150	DM 27 800	DM 13 750	DM 18 600

noch mehr Leistung zu vernehmen. Berühmt-berüchtigt wird der 300 SE aber durch seinen zügellosen Konsum: Mit weniger als 18 l/100 km gibt er sich nicht zufrieden – in einem britischen Test werden gar 21,1 l/100 km protokolliert. Mit dem von den 220ern übernommenen 65-Liter-Tank ist der Aktionsradius arg beschnitten. Deshalb wird der Tankinhalt im Januar 1963 auf 82 Liter vergrößert.
Im Januar 1964 steigt die Motorleistung durch Verwendung einer Sechsstempel-Einspritzpumpe, bei der nun für jeden Zylinder ein eigener Pumpenkolben zuständig ist, und eine geringfügige Erhöhung der Verdichtung auf 170 PS bei 5400/min. Damit ist der 300 SE für einige Zeit stärkster deutscher Serienwagen. Zunächst ist der 300 SE ausschließlich mit der von den Flossen-220ern bekannten Vierstufen-Automatik mit hydraulischer Kupplung lieferbar. Die harmoniert nicht sonderlich mit dem hochtourig angelegten Motor. Allmählich wächst dem 300 SE eine zweite Identität: Ab März 1963 ist wahlweise ein Viergang-Schaltgetriebe mit Lenkrad- oder Knüppelschaltung erhältlich. Gleichzeitig werden – neben der serienmäßigen 4,10-Achse des 220 Sb/SEb – zwei längere Antriebsübersetzungen zur Wahl gestellt: i = 3,92 und i = 3,75. Eine 50-Prozent-Differenzialsperre wird bereits seit März 1962 serienmäßig verbaut. Diese homologierte Ausrüstung kam mit einem deutlichen Seitenblick auf den Motorsport ins Spiel. Für den 300 SE ist auch ein eng gestuftes ZF-Fünfgang-Getriebe homologiert, das nicht in der regulären Sonderausstattungsliste auftaucht. Mit dem 300 SE hat erstmals ein deutsches Auto Scheibenbremsen an allen vier Rädern.
Ein weiteres Charakteristikum des 300 SE ist die Luftfederung. Sie verändert die Fahreigenschaften im Vergleich zu den 220ern fundamental. Deren ausgeprägte Seitenneigung bei schneller Kurvenfahrt und das Tauchen beim Bremsen sind bei gleichzeitig höchst kultiviertem Fahrkomfort eliminiert. Auch die Fahrleistungen bewegen sich auf Sportwagenniveau: Der nicht gerade unter aerodynamischer Erfordernissen konzipierte 300 SE erreicht, abhängig von der Antriebsübersetzung, die 200-km/h-Marke. Mit dem Schaltgetriebe benötigt man für den Standardsprint um die 10 Sekunden, mit dem 170-PS-Motor geht es schneller. Zur Rallye-Saison 1963 wird das Mercedes-Werksteam mit der Dreiliter-Limousine ausgerüstet, gewinnt die Europameisterschaft, siegt beim *Gran*

Team Eugen Böhringer/Klaus Kaiser und ihr 300 SE auf dem Weg zum Gesamtsieg bei der Deutschland-Rallye 1963.

Am 16. Juni 1963 belegte Mercedes-Versuchsingenieur Erich Waxenberger beim Sechs-Stunden-Rennen für Tourenwagen auf dem Nürburgring mit seinem abgespeckten 300 SE den dritten Gesamtrang.

Nochmals Großer Straßenpreis von Argentinien – diesmal Auflage 1964: Das Damenteam Ewy von Korff-Rosqvist/Eva-Maria Falk erkämpfte sich mit dem Werks-300-SE den dritten Platz im Gesamtklassement.

Premio Argentina 1963 und wiederholt diesen Erfolg ein Jahr später. 1964 wendet man sich verstärkt Rundstreckenrennen zu und erringt mit dem 300 SE den Tourenwagen-Europapokal. Eugen Böhringers Meisterritte um die Nürburgring-Nordschleife auf drei

Rädern bleiben unvergessen. Die Erfolgssträhne wird im Frühjahr 1965 jäh eingebremst, als Daimler-Benz aus dem Tourenwagensport aussteigt.

Im Juli 1965 endet die Produktion der ersten 300-SE-Limousine nach 5202 gebauten Wagen. Knapp die Hälfte davon wird exportiert. Mit einem Preis von 24150 DM – ab Frühjahr 1963 24500 DM – kann der 300 SE kein Massenprodukt sein.

Der aus der Fertigung genommene 300d wird auf dem Genfer Salon im März 1963 durch eine Langversion des 300 SE ersetzt, die keine gesonderte Typenbezeichnung erhält. Die Verlängerung des Radstandes um 10 cm kommt dem hinteren Fußraum zugute und führt zu einem Plus von 50 kg. Auf Wunsch ist eine Trennwand mit elektrisch versenkbarer Scheibe lieferbar. Mit Schaltgetriebe kostet der 300 SE lang 26400 DM, mit Automatik ist er 1400 DM teurer und damit nicht allzu weit vom Preis des klassischen 300d entfernt – viel Geld für ein Auto aus dem »Baukasten«. Diese teuerste »Flosse« bleibt mit 1546 Exemplaren – der Exportanteil beläuft sich auf 55 Prozent – eine ausgesprochene Rarität.

Mercedes-Benz 230 S (W 111 I A, 1965–1968)

Ab Sommer 1965 wird die Baukastenepoche der Daimler-Benz AG stufenweise beendet. Die Oberklasse (W 108/109) hebt sich nun von der Mittelklasse, die zunächst noch der Flossen-Baureihe angehört, formal ab – mit Ausnahme eines einzigen typologischen Überbleibsels: Der 230 S, der eine zaghaft überarbeitete und nüchterner ausgestattete Neuauflage des 220 Sb darstellt, bleibt für zweieinhalb Jahre im Programm. Karosserie und Fahrwerk entsprechen im Wesentlichen dem 220 Sb, den aufgebohrten 2,3-Liter-Motor gibt es seit zwei Jahren im Sportwagen 230 SL. Er leistete mit der Zweivergaseranlage des 220 Sb und einer auf 9,0 : 1 erhöhten Verdichtung 120 PS bei 5400/min – soviel wie vorher der Einspritzer im 220 SEb. Erstmals ist in einen Mercedes-Großserienwagen eine Drehstrom-Lichtmaschine zu finden. Die horizontale Ausgleichsfeder an der Hinterachse wurde durch einen gemeinsam mit der Firma Boge entwickelten hydropneumatischen Niveauausgleich namens HydroMAT ersetzt. Auf Wunsch wird der 230 S – gegen 500 DM Aufpreis – mit einer Servolenkung ausgerüstet. In seinen Fahrleistungen entspricht der 230 S dem 220 SEb.

Der 230 S kostete genauso viel wie sein Vorgänger 220 Sb, nämlich 13750 DM. Der letzte 230 S wird im Januar 1968 ausgeliefert. Das Produktionsergebnis beläuft sich auf 41107 Einheiten – nicht schlecht für ein Auslaufmodell. In dieser Stückzahl sind 341 Fahrgestelle für Sonderaufbauten enthalten, zu denen auch ein paar Hundert 230 S Kombi zählen. Sie werden von 1966 an nach Original-Mercedes-Benz-Zeichnungen im belgischen Karosseriewerk I.M.A. in Malines gebaut und unter der Bezeichnung »Universal« über das Mercedes-Benz-Händlernetz vertrieben. Im Gegensatz zur Limousine besitzen die Kombis 15-Zoll-Felgen mit der Bereifung 7.00 S 15. Die Zuladung beträgt 725 kg. Der Universal ist um 170 kg schwerer als die Limousine und kostet 18600 DM.

In knapp achteinhalb Jahren werden 344751 »große Flossen« der Baureihen W 111 und W 112 gebaut – dreimal so viele wie von den Ponton-Vorgängern, allerdings in wesentlich längerer Bauzeit.

Schlussakkord für die Baureihe W 111 mit dem bis Anfang 1968 gebauten 230 S.

Vollendete Schönheiten: die Oberklasse-Coupés und -Cabriolets vom 220 SEb bis zum 280 SE 3.5

Mercedes-Benz 220 SEb Coupé und Cabriolet (W 111/3, 1961–1965)

Im März 1961 wird auf dem Genfer Salon mit dem 220 SEb Coupé die dritte Nachkriegsgeneration der Oberklasse-Coupés vorgestellt. Die Linienführung – gleichwohl völlig eigenständig – ist im Bugbereich an den großen Heckflossen-Limousinen orientiert, nimmt aber auch ringsum Stilelemente der Folgegeneration (W 108/109) vorweg. Gewisse Ähnlichkeiten dürfen jedoch nicht darüber hinwegtäuschen, dass das Coupé kaum ein Blechpressteil mit der Limousine gemeinsam hat. Selbst die von den Viertürern mit unverändertem Radstand übernommene Bodengruppe musste verstärkt werden, um die Steifigkeit der Karosserie wegen des Wegfalls der B-Säule sicherzustellen. Nicht zuletzt daraus ergibt sich ein Mehrgewicht von 50 kg. Bei praktisch identischer Länge ist das Coupé 50 mm breiter und 90 mm niedriger als die Limousine – nicht zuletzt wegen des um 25 mm tiefer gelegten Fahrwerks. Die Coupés werden auf dem gleichen Band gefertigt wie die Limousinen. Trotz des hohen Automatisierungsgrades wird den Zweitürern der vierfache Aufwand an Handarbeit zuteil.

Beherrschendes Stilelement des Coupés ist das formal ausgesprochen gelungene Dach, das die Handschrift des französischen Stilisten Paul Bracq zeigt. Ein filigraner Pavillon harmoniert hervorragend mit der Panorama-Front- und -Heckscheibe. Die Seitenfenster sind ohne störende B-Säule voll versenkbar. Die Heckflossen sind nur noch dezent angedeutet und stark abgerundet. Die wesentlich flacher gewordene Heckpartie mit den schlanken Rückleuchten wirkt hochelegant. Der Kofferraum ist gegenüber der Limousine zwar deutlich niedriger geworden, aber eben auch länger. Da lässt sich das Fassungsvermögen von 530 Litern (gegenüber 640 beim Viertürer) nicht beklagen. Im Gegensatz zu den Ponton-Coupés

Trotz feucht-kalter Herbststimmung mit voll versenkten Seitenscheiben – frühes Farb-Werkfoto eines 220 SEb Coupés.

Die gefällige Heckpartie umfasste einen stattlichen Kofferraum.

Schweizer Idyll: 220 SEb Coupé mit Kontrollschild des Kantons Thurgau.

220 SEb Cabriolet des Jahrgangs 1963 aus dem Werksfundus in Italien.

stellt das Nachfolgemodell einen echten Viersitzer mit vollwertiger Rücksitzbank dar. Das Kombiinstrument im Stil jenes Fieberthermometers ist durch zwei große Rundinstrumente – Tachometer und Tourenzähler – und ein zentrales vierteiliges Kombiinstrument ersetzt worden, die in einer gemeinsamen furnierten Konsole untergebracht sind.

Das 120 PS starke Einspritz-Triebwerk ist mit dem der Limousine identisch, eine Vergaserversion wird nicht angeboten. Beim Fahrwerk gibt es Abweichungen: An den Vorderrädern werden Girling-Scheibenbremsen montiert, die eine um 12 mm breitere Spur bedingen. Damit ist das 220 SEb Coupé knapp vor dem 300 SL Roadster der erste Mercedes mit Scheibenbremsen. Die Lenkung ist komfortbetonter als bei der Limousine ausgelegt und entsprechend weniger exakt.

Im September 1961 wird auf der IAA auch das 220 SEb Cabriolet präsentiert, das in der Linienführung, in der Aufbaustruktur und in der Ausstattung dem Coupé entspricht. Der Stoff des aufwendig verarbeiteten Verdecks ist farblich jeweils auf den Wagenlack abgestimmt. Ein großes PVC-Rückfenster bietet auch nach hinten Übersicht. Die Cabrio-Bodengruppe musste zur nötigen Querversteifung weiter verstärkt werden.

Fast ein Gesamtkunstwerk: mit offenem 220 SEb Cabriolet auf Alpenfahrt.

Die großen Cabriolets und Coupés der Baureihe W 111/112 waren echte Viersitzer.

Diese Aufgabe fällt in erster Linie dem einteiligen Mitteltunnel zu – einem starkwandigen Blechpressteil, das gewissermaßen als zentraler Träger dient. Bei den Coupés ist dieses Bauteil dagegen aus mehreren Blechprofilen zusammengeschweißt und weniger verwindungssteif. Das Cabriolet ist um 100 kg schwerer als das Coupé und aus diesem Grunde auf breiteren Felgen mit der Dimension 7.50–13 Sport voluminöser bereift.

In ihren Fahrleistungen entsprechen die beiden Zweitürer etwa der Limousine. In einem Test erreicht ein 220 SEb Coupé eine Spitze von 171,4 km/h und benötigt 14 Sekunden, um die 100-km/h-Marke aus dem Stand zu erreichen. Sportlichkeit ist aber keineswegs das Fach der exklusiven Zweitürer. Sie stellen mit ihrer außergewöhnlich gelungenen Proportionierung Meisterwerke von gleichsam unvergänglicher Schönheit dar. Vom ehemaligen Mercedes-Designdirektor Bruno Sacco stammt die Behauptung, diese Autos gehörten zu den schönsten je entworfenen Mercedes-Modellen, wenn nicht sogar zu den schönsten Automobilen überhaupt.

Das 220 SEb Coupé ist mit seinem während der gesamten Produktionsdauer unveränderten Listenpreis von 23 500 Mark um mehr als die Hälfte teurer als die SE-Limousine. Beim Cabriolet beläuft sich der Preisunterschied gar auf 70 Prozent.

Als die beiden Luxusgeschöpfe im Oktober 1965 abgelöst werden, sind 14 173 Coupés und 2729 Cabriolets entstanden.

Mercedes-Benz 300 SE Coupé und Cabriolet (W 112/3, 1962–1967)

Ein Jahr nach dem 220 SEb Coupé erscheinen die beiden Zweitürer im Februar 1962 artgerecht auch unter dem edleren Label 300 SE, wobei die Karosserie äußerlich bis auf den üppigen Radlauf- und Schwellerchrom sowie die Zierleiste in der Längssicke der Flanke die gleiche ist. Die Technik ist von der 300 SE Limousine abgeleitet und brilliert mit Dreiliter-Leichtmetallmotor, Automatikgetriebe, Luftfederung, vier Scheibenbremsen, Servolenkung und Differenzialsperre. Die Motorleistung von 160 PS – ab Januar 1964 170 PS – hat es gegenüber den 220-SEb-Versionen mit einem Mehrgewicht von rund 200 kg zu tun. Trotzdem werden 190 km/h – mit dem stärkeren Motor sogar 200 km/h – erreicht. Ab August 1965 erhalten die Dreihunderter größere Bremsscheiben ringsum und 14- statt 13-Zoll-Räder mit voluminöseren Reifen.

Die beiden 300-SE-Zweitürer sind außergewöhnlich kostspielige Ausstattungsstücke: Das Coupé kostet bei seiner Markteinführung 32 750 Mark, ab April 1966 33 350 DM. Das Cabriolet ist jeweils um genau 2000 DM teurer. Ab Februar 1963 wird ein Minderpreis von 1400 DM eingeräumt, wenn der Wagen mit dem ab diesem Termin erhältlichen Viergang-Schaltgetriebe bestellt wird. Neben den Preisen bleibt auch das Produktionsergebnis exklusiv: Bis zum Fertigungsstopp im Dezember 1967 sind 2419 Coupés und 708 Cabriolets entstanden.

300 SE Coupé mit den charakteristischen Chrom-Applikationen.

Herbstmorgen mit 300 SE Cabriolet – noch kann man offen fahren ...

Mercedes-Benz 250 SE Coupé und Cabriolet (W 111 III A, 1965–1967)

Im September 1965 findet bei den Oberklasse-Limousinen zwar der Modellwechsel von der Flossengeneration zur Doppelbaureihe W 108/109 statt, doch an den großen Coupés und Cabriolets geht er – was das Äußere betrifft – ziemlich spurlos vorüber. Am auffälligsten ist noch das Erscheinungsbild der 14 Zoll großen Räder: Zwischen den dicken Zierringen im Felgenhorn, die die geschlitzten Vollblenden verdrängt haben, und den Radkappen ist nun die jeweils in Wagenfarbe lackierte Stahlfelge sichtbar. Seitens der Technik hat sich mehr geändert: Mit der Limousine 250 SE haben Coupé und Cabriolet den weitgehend überarbeiteten, anfangs nicht unproblematischen, 150 PS starken Sechszylinder M 129 mit sieben- statt fünffach gelagerter Kurbelwelle und Sechsstempel-Einspritzpumpe, aber auch die vier Scheibenbremsen gemeinsam.

Das 250 SE Coupé kostet zunächst 24 350 DM und damit 850 DM mehr als der 2,2-Liter-Vorgänger, aber auch verblüffende 7000 DM weniger als das kaum schnellere 300-SE-Coupé. Das Cabriolet ist wiederum 2000 DM teurer. Im April 1966 werden die Preise um jeweils 600 DM angehoben. Bereits nach gut zwei Jahren läuft die Fertigung im Dezember 1967 aus. Vom 250 SE werden 5259 Coupés und 954 Cabriolets ausgeliefert.

250 SE Coupé, kenntlich an den Zierringen in der Felge.

250 SE Cabriolet, nach Meinung des Werksfotografen wohl in passendem Ambiente.

Mercedes-Benz 280 SE Coupé und Cabriolet (W 111 E 28, 1968–1971)

Der Anschluss findet nicht – wie gewohnt – übergangslos statt. Obwohl sich an der Rohkarosserie nicht das Geringste ändert, kommt es zu einer sechswöchigen Pause, bis im Februar 1968 die Produktion mit den Nachfolgern namens 280 SE wieder in Gang kommt. Trotz des aus der gleichnamigen Limousine übernommenen 160-PS-Triebwerks bleiben die Leistungsangaben des Herstellers unverändert. Noch immer deutete der Baumustercode 111.024 bzw. 111.025 auf die Abstammung von den großen Flossenautos hin. Und wieder muss man genau hinsehen, um die

Wieder mit vollen Radblenden: 280 SE Coupé der ersten Bauphase, noch mit hoher Kühlerverkleidung.

280 SE Cabriolet mit Exportscheinwerfern, die später – mit Halogenlampen – im Inland zur Option wurden.

280er von ihren Vorgängern unterscheiden zu können: Nun werden die Zweitürer mit geschlitzten Voll-Radzierblenden mit integrierten Radkappen ausgerüstet, die denen des ursprünglichen 220 SEb ähneln. Das Kühlergitter ist weitmaschiger geworden. Und wieder gibt es einen neuen Reihen-Sechszylinder: Der grundlegend überarbeitete 2,8-Liter-Motor des Baumusters M 130 verfügt nun über gleichmäßige Zylinderabstände. Neu ist auch die teleskopartig verschiebbare Lenksäule mit energieabsorbierendem Pralltopf. Ab Mai 1969 ist neben dem Viergang-Schaltgetriebe und der optionalen Automatik auf Sonderwunsch auch ein Fünfgang-Schaltgetriebe erhältlich.

Im November 1969 findet im wahrsten Sinne des Wortes ein Facelifting statt, als die 280 SE Coupés und Cabriolets die Front der gleichzeitig vorgestellten 3,5-Liter-Versionen mit V8-Motor erhalten. Die Kühlermaske ist um zehn Zentimeter breiter und sieben Zentimeter niedriger geworden, die Motorhaube dadurch deutlich flacher. Gleichzeitig erhalten die Stoßstangen umlaufende Gummileisten, die die Limousinen bereits seit 1965 haben. In Liebhaberkreisen bürgert sich der Ausdruck »Flachkühler« ein. Als die Herstellung der exklusiven Zweitürer im Mai 1971 ausläuft, haben 3797 Coupés und 1390 Cabriolets des Typs 280 SE das Werk Sindelfingen verlassen, etwa zwei Fünftel davon mit dem Flachkühler.

Mercedes-Benz 280 SE 3.5 Coupé und Cabriolet (W 111 E 35/1, 1969–1971)

Ab September 1969 gibt es im Mercedes-Triebwerksprogramm neben dem M 100 des 600 einen zweiten kleineren V8-Motor, den 200 PS starken M 116 mit einem Hubraum von 3,5 Litern. Der sportliche Kurzhuber wird auf der IAA in klassischer Verkleidung präsentiert: 280 SE 3.5 Coupé und Cabriolet können trotz des flacheren Kühlergesichts, das gleichzeitig auch die Sechszylinder-Version erhält, nicht darüber hinwegtäuschen, dass sie stilistisch in die Jahre gekommen sind. Auch das Fahrwerk entspricht im

280 SE 3.5 Coupé auf der Holperpiste der Versuchsstrecke in Untertürkheim.

TECHNISCHE DATEN Coupés und Cabriolets W 111 und W 112

Modell	220 SE Coupé	220 SE Cabriolet	250 SE Coupé	250 SE Cabriolet	280 SE Coupé	280 SE Cabriolet	280 SE 3.5 Coupé	220 SE 3.5 Cabriolet	300 SE Coupé	300 SE Cabriolet
Baumuster	W 111/3; 111.021	W 111/3; 111.023	W 111/III A; 111.021	W 111/III A; 111.023	W 111 E 28; 111.024	W 111 E 28; 111.025	W 111 E 35/1; 112.026	W 111 E 35/1; 112.027	W 112/3; 112.021	W 112/3; 112.023
Karosserieform	zweitüriges Coupé	zweitüriges Cabriolet	zweitüriges Coupé	zweitüriges Cabriolet	zweitüriges Coupé	zweitüriges Cabriolet	zweitüriges Coupé	zweitüriges Cabriolet	zweitüriges Coupé	zweitüriges Cabriolet
Bauzeit	02/1961–10/1965	09/1961–10/1965	09/1965–12/1967		02/1968–05/1971		11/1969–07/1971		02/1962–12/1967	
Motor										
Bauart (Viertakt-Otto)	Reihen-Sechszylinder M 127 V		Reihen-Sechszylinder M 129 I		Reihen-Sechszylinder M 130 E 28		V8-Motor M 116 E 35		Reihen-Sechszylinder M 189 IV	
Hubraum in cm^3	2195		2496		2778		3499		2996	
Bohrung × Hub in mm	80 × 72,8		82 × 78,8		86 × 78,8		92 × 65,8		85 × 88	
Leistung in PS/kW bei min^{-1}	120/88 bei 4800		150/110 bei 5500		160/118 bei 5500		200/147 bei 5800		160/118 bei 5000; ab 01/1964: 170/125 bei 5400	
max. Drehmoment in Nm bei min^{-1}	193 bei 3900		220 bei 3500		245 bei 4250		292 bei 4000		256 bei 3800; ab 01/1964: 254 bei 4000	
Ventilsteuerung; Ventile pro Zylinder	ohc (1 oben liegende Nockenwelle, Doppelrollenkette); 2						ohc (je Zylinderbank 1 oben liegende Nockenwelle, Doppelrollenkette); 2		ohc (1 oben liegende Nockenwelle, Doppelrollenkette); 2	
Gemischaufbereitung	mechanisch geregelte Saugrohr-Benzineinspritzung mit 2-Stempel-Pumpe		mechanisch geregelte Saugrohr-Benzineinspritzung mit 6-Stempel-Pumpe				elektronisch geregelte Saugrohr-Benzineinspritzung Bosch D-Jetronic		mechanisch geregelte Saugrohreinspritzung mit 2-Stempel-Pumpe; ab 01/1964: 6-Stempel-Pumpe	
Verdichtung	8,7		9,3; ab 09/1966: 9,5		9,5				8,7; ab 01/1964: 8,8	
Elektrik	12 Volt; Batterie 60 Ah		12 Volt; Batterie 55 Ah				12 Volt; Batterie 66 Ah			

TECHNISCHE DATEN Coupés und Cabriolets W 111 und W 112

Modell	220 SE Coupé	220 SE Cabriolet	250 SE Coupé	250 SE Cabriolet	280 SE Coupé	280 SE Cabriolet	280 SE 3.5 Coupé	220 SE 3.5 Cabriolet	300 SE Coupé	300 SE Cabriolet
Motor										
Lichtmaschine	240 Watt		Drehstrom 490 Watt		Drehstrom 490 Watt; ab 12/1970: 770 Watt		Drehstrom 770 Watt		300 Watt	
Kraftübertragung										
Getriebe	4-Gang-Schaltgetriebe, voll synchronisiert; a. W. 4-Stufen-Automatikgetriebe				4-Gang-Schaltgetriebe, voll synchronisiert; a. W. 4-Stufen-Automatik; ab 05/1969: a. W. 5-Gang-Schaltgetriebe, voll synchronisiert		4-Gang-Schaltgetriebe, voll synchronisiert; a. W. 4-Stufen-Automatik	4-Stufen-Automatikgetriebe	4-Stufen-Automatikgetriebe; a. W. 4-Gang-Schaltgetriebe, voll synchronisiert; a. W. 5-Gang-Schaltgetriebe ZF, voll synchronisiert	
Antrieb	Hinterräder									
Rahmen und Fahrwerk										
Aufbau, Rahmen	selbsttragende Ganzstahlkarosserie; Rahmen-Boden-Anlage									
Radaufhängung vorn	einzeln an Doppelquerlenkern								Doppelquerlenker; 2 Luftkammer-Federbälge	
Radaufhängung hinten	Eingelenk-Pendelachse mit Ausgleichsfeder		Eingelenk-Pendelachse mit hydropneumatischer Ausgleichsfeder und Niveauregulierung						Eingelenk-Pendelachse mit Niveauregulierung; 2 Luftkammer-Federbälge	
Lenkung	Kugelumlauflenkung		Kugelumlauflenkung, a. W. Servolenkung				Kugelumlauf-Servolenkung		Kugelumlauflenkung	
Bremsen	hydraulisch mit Unterdruck-Bremskraftverstärker; vorn Scheiben, hinten Trommeln; ab 08/1963: Zweikreis-Anlage		hydraulische Zweikreis-Bremsanlage mit Unterdruck-Bremskraftverstärker; 4 Scheiben							
Felgengröße	5 JK × 13		6 J × 14 HB						5½ JK × 13 B, ab 08/1965: 6 J × 14 HB	

<table>
<tr><th colspan="11">TECHNISCHE DATEN Coupés und Cabriolets W 111 und W 112</th></tr>
<tr><th>Modell</th><th>220 SE Coupé</th><th>220 SE Cabriolet</th><th>250 SE Coupé</th><th>250 SE Cabriolet</th><th>280 SE Coupé</th><th>280 SE Cabriolet</th><th>280 SE 3.5 Coupé</th><th>220 SE 3.5 Cabriolet</th><th>300 SE Coupé</th><th>300 SE Cabriolet</th></tr>
<tr><td colspan="11">Rahmen und Fahrwerk</td></tr>
<tr><td>Bereifung</td><td colspan="2">7,25–13 Sport</td><td colspan="4">7,35 H 14 oder 185 H 14</td><td colspan="2">185 V 14 / 6 PR;
a. W.: 185 VR 14</td><td colspan="2">7,50 H 13; ab 08/1965:
7,35 H 14 oder 185 H 14</td></tr>
<tr><td colspan="11">Maße und Gewichte</td></tr>
<tr><td>Radstand in mm</td><td colspan="10">2750</td></tr>
<tr><td>Spur vorn/
hinten in mm</td><td colspan="8">1482/1485</td><td colspan="2">1482/1490</td></tr>
<tr><td>Länge/Breite/
Höhe in mm</td><td colspan="2">4880/1845/1445</td><td>4880/1845/
1420</td><td>4880/1845/
1435</td><td>4880/1845/
1420;
ab 09/1969:
4905/1845/
1420</td><td>4880/1845/
1420;
ab 09/1969:
4905/1845/
1435</td><td>4905/1845/
1410</td><td>4905/1845/
1420</td><td>4880/1845/
1395</td><td>4880/1845/
1400</td></tr>
<tr><td>Leergewicht
in kg</td><td>1410</td><td>1510</td><td>1490</td><td>1575</td><td>1510</td><td>1590</td><td>1570</td><td>1650</td><td>1590; ab
08/1965:
1650</td><td>1690; ab
08/1965:
1715</td></tr>
<tr><td>Tankinhalt in l</td><td colspan="2">65</td><td colspan="6">82</td><td colspan="2">65; ab 01/1963: 82</td></tr>
<tr><td colspan="11">Leistungsdaten</td></tr>
<tr><td>Höchstge-
schwindigkeit
in km/h</td><td colspan="2">170</td><td colspan="4">190</td><td>210</td><td>205</td><td colspan="2">je nach Motor, Getriebe
und Achsantrieb
175 bis 200</td></tr>
<tr><td>Beschleunigung
0–100 km/h
in sec</td><td>12,8</td><td>13,7</td><td colspan="2">11,8</td><td colspan="2">10,5</td><td>9,0</td><td>9,4</td><td colspan="2">je nach Motor, Getriebe
und Achsantrieb
10,9 bis 12,5</td></tr>
<tr><td>Kraftstoff-
verbrauch
in l/100 km</td><td>10,7</td><td>11,2</td><td colspan="2">11,7</td><td colspan="2">12,3</td><td>13,0</td><td>13,5</td><td colspan="2">je nach Motor, Getriebe
und Achsantrieb
11,8 bis 13,7</td></tr>
<tr><td colspan="11">Sonstiges</td></tr>
<tr><td>Stückzahl</td><td>14173</td><td>2729</td><td>5259</td><td>954</td><td>3797</td><td>1390</td><td>3270</td><td>1232</td><td>2419</td><td>708</td></tr>
<tr><td>Preis bei Markt-</td><td>DM 23500</td><td>DM 25500</td><td>DM 24350</td><td>DM 26350</td><td>DM 26510</td><td>DM 28545</td><td>DM 30636</td><td>DM</td><td>DM 32750</td><td>DM 34750</td></tr>
</table>

Das 3.5-Cabriolet zählt heute zu den Hochpreis-Sammlerwagen.

Prinzip noch immer dem der Vorgänger. Am Fahrkomfort gibt es zwar nichts zu bemängeln, aber angesichts der deutlich höheren Motorleistung und des um 20 Prozent angewachsenen Drehmoments wird die Fahrsicherheit im Grenzbereich kritisiert. Im Gegensatz zur luftgefederten Limousine 300 SEL 3.5 wirken die Zweitürer dann übermotorisiert. Die Kraftübertragung der Coupés stammt aus dem Baukasten. Ein mechanisches Viergang-Getriebe ist Grundausstattung, gegen Aufpreis ist die Getriebeautomatik lieferbar, die bei den 3.5-Cabriolets aber bereits zur Basisausrüstung zählt.

Das Werk gibt für das Coupé mit Schaltgetriebe eine Spitze von 210 km/h und für die Automatik-Version 205 km/h an. Diese Werte werden in Tests in der Regel übertroffen. Das 280 SE 3.5 Coupé kostet zu Beginn der Auslieferung 30636 DM, am Ende seiner Karriere 33688,50 DM, das Cabriolet entsprechend 34132,50 DM bzw. 37351.50 DM. Im Vergleich dazu ist der gleichzeitig angebotene 280 SL Roadster alias »Pagode« für 26640 DM zu haben. Als die Produktion der letzten 111er mit dem V8-Motor im Juli 1971 eingestellt wird, sind davon 3270 Coupés und 1232 Cabriolets entstanden.

Das typische »Flachkühler-Gesicht« der 3.5-Coupés und -Cabriolets mit niedriger Kühlermaske, Doppelscheinwerfern und (als Sonderausstattung lieferbaren) Zusatzstrahlern.

Ein schweres Erbe: Die »Pagode« muss zwei Klassiker ersetzen

Mercedes-Benz 230 SL Roadster (W 113, 1963–1967)

Mit dem Typ 230 SL präsentiert Daimler-Benz im März 1963 auf dem Genfer Automobilsalon einen neuen Sportwagen, der dazu auserwählt ist, gleich zwei Modelle des bisherigen Verkaufsprogramms zu ersetzen – sowohl den 190 SL als auch den 300 SL. Der neue Roadster hat ein schweres Erbe anzutreten, da die beiden Vorgänger völlig verschiedene Fahrzeugkonzepte verkörperten, die nur schwer auf einen gemeinsamen Nenner zu bringen sind. Zudem ist der 300 SL bereits zu Lebzeiten zur Legende geworden und setzt mit seinem Nimbus eine hohe Messlatte. Mit dem neuen Modell schlägt man gewissermaßen den Mittelweg ein: Der 230 SL stellt weder einen kompromisslos harten Roadster noch einen verweichlichten Boulevard-Cruiser dar, sondern einen schnellen und kultivierten zweisitzigen Reisewagen mit ausgewogen abgestimmter Federung, einen Allwetter-GT, der sich hinsichtlich seiner Fahrleistungen, aber auch in puncto Fahrsicherheit sehen lassen kann.

Der 230 SL ist wie sein Vorgänger 190 SL in drei Ausführungen lieferbar: als Roadster mit voll versenkbarem Klappverdeck, als Coupé mit abnehmbarem Dach ohne Stoffverdeck und als Coupé sowohl mit abnehmbarem Dach als auch mit Roadsterverdeck. Alle drei Varianten sind auf Wunsch mit einem dritten, für Kinder vorgesehenen Quersitz im Fond erhältlich. Erstmals ist ein Mercedes-Sportwagen mit Servolenkung und Automatikgetriebe als Sonderausrüstung erhältlich. Ersteres Extra unterstreicht mit einem von 22,8 auf 17,2 reduzierten Übersetzungsverhältnis die sportliche Ausrichtung und wirkt deutlich direkter als in der Limousine, die Automatik wiederum tut der Sportlichkeit kaum einen Abbruch.

Der 230 SL weist zwar mit 2400 mm den gleichen Radstand wie seine beiden Vorgänger auf, damit sind aber die Gemeinsamkeiten nahezu erschöpft. Andererseits ist das Baumuster W 113 auch keine völlige Neukonstruktion, denn es baut auf der verkürzten und verstärkten Rahmenbodenanlage der Heckflossen-Limousinen der Reihen W 110/111 einschließlich deren Vorder- und Hinterradaufhängung auf. Das Prinzip der bei diesen Limousinen eingeführten Sicherheitskarosserie nach Béla Barényi wird auch dem 230 SL vererbt: Er verfügt über eine steife Fahrgastzelle und über Knautschzonen mit leicht verformbarer Bug- und Heckpartie. Das Lenkgetriebe wurde aus

230 SL aus der Vorserie auf der Einfahrbahn in Untertürkheim.

Daher hat die »Pagode« ihren Beinamen: das konkav ausgeformte Coupédach des 230 SL.

Mit dem 230 SL 1966 zum Wintersport – Hauptsache, die Antriebsachse ist genügend belastet ...

Die Equipe Böhringer/Kaiser auf der Fahrt zum Gesamtsieg beim Straßenmarathon Lüttich–Sofia–Lüttich 1963.

dem aufprallgefährdeten Bereich genommen und deutlich hinter die Vorderachse gerückt. Die Lenksäule ist geknickt und mit Gelenken versehen, die bei einem Unfall den fatalen Lanzeneffekt verhindern. Erstmals ist ein Mercedes-Personenwagen serienmäßig mit (Textil-)Gürtelreifen bestückt: In Erstausrüstung wird der 230 SL zunächst entweder mit Dunlop Sp oder mit Continental Radial der Dimension 185 HR 14 beschuht. Da die zu weichen Flanken dieser Fabrikate bemängelt werden, wechselt der Hersteller zum Firestone Phoenix P 110, der als Semi-Radialreifen hervorragend mit dem Fahrwerk des 230 SL harmoniert.

Das aus der Feder von Paul Bracq stammende Styling des 230 SL wird von Geraden dominiert. Bei einer Verkehrsfläche, die den Grundriss des 190 SL kaum übertrifft, erscheint der SL zweiter Generation kraftvoll und stämmig. Die Räder werden in den runden Radausschnitten optisch betont. Im Verhältnis zum Radstand ist die Spurweite ausgesprochen breit. Die kompakten Autos stehen optisch kraftvoll auf der Straße. Das charakteristische Designmerkmal ist aber die konkave – das heißt nach innen gewölbte – Ausformung des abnehmbaren Coupédachs. Diese ungewohnt avantgardistische Gestaltung geht auf Arbeiten von Béla Barényi zurück. Die sogenannte Pagodenform, die dem Auto schließlich seinen Kosenamen verleiht, ermöglicht trotz Leichtbauweise eine besonders hohe Festigkeit des Dachs, gewährleistet einen bequemen Einstieg und vergrößert durch die großen, hohen Glasflächen die Sichtwinkel. Daimler-Benz spricht vom »Vollsicht-Hardtop«.

Der durch Aufbohren aus dem Einspritztriebwerk des 220 SE entwickelte, drehfreudig angelegte Sechszylinder M 127 hat 2,3 Liter Hubraum. Durch die Erhöhung der Verdichtung und die Verwendung einer Sechsstempel-Einspritzpumpe stehen nun bei 5500/min 150 PS zur Verfügung. Ab Mai 1966 kann dieses Potenzial auf Sonderwunsch durch ein von der Zahnradfabrik Friedrichshafen (ZF) bezogenes enger gestuftes Fünfgang-Schaltgetriebe besser genutzt werden. Die Standardbeschleunigung verkürzt sich dadurch von 11,1 auf 9,7 Sekunden. Die ansehnliche Spitzengeschwindigkeit von 200 km/h, die in Tests noch übertroffen wird, bleibt dabei unberührt. Mit dieser Spitze zählt der 230 SL ohnehin zu den Schnellen im Lande, zumal es den Porsche 911 zunächst noch nicht gibt. Im Motorsport – vor allem bei strapaziösen Langstrecken-Rallyes – vermag die »Pagode« durchaus ihre Zähne zu zeigen. So siegt Eugen Böhringer 1963 beim Marathon Lüttich–Sofia–Lüttich mit einem sehr seriennahen, nur um 50 kg abgespeckten 230 SL.

Der Listenpreis beläuft sich für den Roadster mit Klappverdeck auf 20 600 DM und wird im April 1966 um 500 DM erhöht. Das Hardtop-Coupé des 230 SL kostet dann 22 200 DM – etwa so viel wie der inzwischen erschienene, 21 900 DM teure Porsche 911. Im Januar 1967 läuft der letzte 230 SL nach 19 381 gebauten Exemplaren vom Band.

TECHNISCHE DATEN SL-Roadster Baureihe W 113			
Modell	**230 SL**	**250 SL**	**280 SL**
Baumuster	W 113; 113.042	W 113 A; 113.043	W 113 E 28; 113.044
Karosserieform	zweitüriger Roadster, a. W. mit Hardtop		
Bauzeit	07/1963–01/1967	12/1966–01/1968	01/1968–03/1971
Motor			
Bauart (Viertakt-Otto)	Reihen-Sechszylinder M 127 II	Reihen-Sechszylinder M 129 III	Reihen-Sechszylinder M 130
Hubraum in cm^3	2306	2496	2778
Bohrung × Hub in mm	82 × 72,8	82 × 78,8	86,5 × 78,8
Leistung in PS/kW bei min^{-1}	150/110 bei 5500		170/1250 bei 5750
max. Drehmoment in Nm bei min^{-1}	200 bei 4200	220 bei 4200	245 bei 4500
Ventilsteuerung; Ventile pro Zylinder	ohc (1 oben liegende Nockenwelle, Doppelrollenkette); 2		
Gemischaufbereitung	mechanisch geregelte Saugrohr-Benzineinspritzung mit 6-Stempel-Pumpe		
Verdichtung	9,3	9,5	
Elektrik	12 Volt; Batterie 55 Ah		
Lichtmaschine	Drehstrom 490 Watt		
Kraftübertragung			
Getriebe	4-Gang-Schaltgetriebe, voll synchronisiert; a. W. 5-Gang-Schaltgetriebe; a. W. 4-Stufen-Automatikgetriebe		
Antrieb	Hinterräder		
Rahmen und Fahrwerk			
Aufbau, Rahmen	selbsttragende Ganzstahlkarosserie; Rahmen-Boden-Anlage		
Radaufhängung vorn	einzeln an Doppelquerlenkern		
Radaufhängung hinten	Eingelenk-Pendelachse mit Ausgleichsfeder		
Lenkung	Kugelumlauflenkung; a. W. Servolenkung		
Bremsen	hydraulische Zweikreis-Bremsanlage mit Unterdruck-Bremskraftverstärker; vorn Scheiben, hinten Trommeln	hydraulische Zweikreis-Bremsanlage mit Unterdruck-Bremskraftverstärker; Scheiben vorn und hinten	
Felgengröße	5½ J × 14 H	6 J × 14 HB	
Bereifung	185 HR 14		
Maße und Gewichte			
Radstand in mm	2400		
Spur vorn/hinten in mm	1486/1487	1484/1485	

TECHNISCHE DATEN SL-Roadster Baureihe W 113			
Modell	**230 SL**	**250 SL**	**280 SL**
Maße und Gewichte			
Länge/Breite/Höhe in mm	4285/1760/1320		
Leergewicht in kg	1295	1360	
Tankinhalt in l	65	82	
Leistungsdaten			
Höchstgeschwindigkeit in km/h	200		
Beschleunigung 0–100 km/h in sec	je nach Getriebe 9,7 bis 11,1	je nach Getriebe 9,7 bis 10,6	9,0
Kraftstoffverbrauch in l/100 km	10,2	11,2	11,4
Sonstiges			
Stückzahl	19381	5196	23885
Preis bei Markteinführung	DM 20600	DM 21600	DM 23045

Mercedes-Benz 250 SL Roadster (W 113 A, 1966–1968)

Am 27. Februar 1967 wird der seit vier Jahren gebaute 230 SL offiziell durch Opus zwei der Pagodenfamilie abgelöst: Der 250 SL, dessen Serienfertigung bereits im Dezember 1966 begonnen hat, ist von außen nicht von seinem Vorgänger zu unterscheiden. Die Neuerungen beziehen sich auf Triebwerk und Bremsanlage, die beide mit geringfügigen Änderungen vom Oberklasse-Typ 250 SE (W 108) übernommen wurden. Der Motor, dessen Zylinder nach wie vor paarweise in ungleichen Abständen angeordnet sind und

250 SL von 1966 – äußerlich vom 230 SL nicht zu unterscheiden.

dessen Hubraum durch verlängerten Hub um 200 cm^3 auf 2,5 Liter angewachsen ist, hat bei unveränderter Leistung von 150 PS ein um 10 Prozent höheres Drehmoment und besitzt einen Ölkühler. Die Kurbelwelle rotiert jetzt in sieben statt nur vier Lagern. Zunächst machen die Motoren des Baumusters M 129 durch Kinderkrankheiten von sich reden: Vor allem werden thermische Probleme erkennbar, die zu Kolbenfressern führen. Eine Molybdänbeschichtung des obersten Kolbenrings stellt die gewohnte Standfestigkeit her.

Die Bremsanlage wurde mit Scheibenbremsen auch an den Hinterrädern, größeren Bremsscheiben vorn und der Ausrüstung mit einem Bremskraftregler aktualisiert. Das Felgenbett wurde bei beibehaltener Reifendimension um einen halben Zoll verbreitert. Die Vergrößerung des Tankinhalts von 65 auf 82 Liter erweitert den Aktionsradius fühlbar. Neben den drei vom 230 SL bekannten Karosserie-Ausführungen ist vom 250 SL auf Wunsch als vierte Version ein Coupé mit zweisitziger Fondsitzbank lieferbar, das im März 1967 auf dem Genfer Salon debütiert. Bei dieser sogenannten »California-Ausführung« ist der für die

hintere Sitzbank erforderliche Raum durch den Wegfall von Roadsterverdeck und Verdeckkasten entstanden. Da eine Nachrüstung des Verdecks nicht möglich ist, verkörpert diese Variante ein Schönwetterauto für regenarme Regionen – es sei denn, die Insassen beschließen, jeglichem Wetterrisiko mit aufgesetztem Coupédach zu entgehen.
An den Leistungsdaten des 250 SL hat sich kaum etwas geändert – er wurde gegenüber seinem Vorgänger wegen des um 65 kg höheren Leergewichts allenfalls etwas träger und konsumiert auf 100 km einen Liter Kraftstoff mehr. Auch der Listenpreis hat zugelegt: Der 250 SL kostet 21600 DM – 500 DM mehr als der letzte 230 SL. Nach kaum mehr als einem Produktionsjahr kommt es im Januar 1968 zu einem erneuten Modellwechsel. Mit einem Fertigungsergebnis von 5196 Einheiten ist der 250 SL die rarste unter den drei »Pagoden«.

Schwarz gegen Weiß – zwei 250 SL auf der Einfahrbahn in Stuttgart-Untertürkheim.

Mercedes-Benz 280 SL Roadster (W 113 E 28, 1968–1971)

1968 ist nicht nur politisch ein bedeutsames Jahr: Die gesamte Modellpalette von Mercedes-Benz wird Anfang des Jahres erneuert, ergänzt oder verfeinert. Der SL erhält ebenso wie die Limousinen, Coupés und Cabriolets der Oberklasse das neue 2,8-Liter-Triebwerk des Baumusters M 130, bei dem die sechs Zylinder in gleichen Abständen angeordnet sind. Die im 280 SL eingesetzte Motorvariante gibt durch eine andere Nockenwelle mit geänderten Steuerzeiten 10 PS mehr ab als die Basisversion im 280 SE. Gegenüber dem 250 SL hat die Leistung um 20 PS auf 170 PS zugenommen und das Drehmoment ist abermals um 10 Prozent angestiegen. An den Fahrleistungen hat sich aber trotz gleichbleibenden Gewichts kaum etwas verändert, lediglich die Standardbeschleunigung liegt nun bei den Schaltgetriebe-Versionen bei neun Sekunden. Äußerlich ist der 280 SL nur an den geänderten Radzierblenden, die den 280-S- bzw. SE-Typen entsprechen, von den beiden Vorgängermodellen zu unterscheiden.
Mit dem Modellwechsel wird der Listenpreis des SL kräftig auf 23045 DM angehoben. Bei etwa halbjährlich stattfindenden Preissteigerungen kostet der 280 SL drei Jahre später am Ende seiner Laufbahn schließlich 26640 DM. Ende Februar 1971 läuft die Produktion des 280 SL aus. Mit 23885 Exemplaren ist er der Erfolgreichste seiner Sippe. Der Nachfolger wird völlig neu konzipiert. Von den drei SL-Typen der »Pagoden«-Baureihe 113 werden in acht Produktionsjahren insgesamt 48912 Exemplare produziert. Mehr als die Hälfte davon wird exportiert, vor allem nach Nordamerika.

Sommerlich offener 280 SL, im sportlichen Serienfarbton DB 576 Rot.

Im aufpreispflichtigen Metallic-Farbton DB 467 Sandbeige lackierter 280 SL mit montiertem Coupédach.

Perfekter Technologieträger, einst das »Beste Auto der Welt«

Mercedes-Benz 600 und 600 Pullman (W 100, 1963–1981)

Im September 1964 geht in Sindelfingen zum dritten Mal ein Ausnahmeautomobil der allerobersten Klasse in Produktion. Zum dritten Mal in der Modellgeschichte der Daimler-Benz A.G. wird der Beiname »Großer Mercedes« vergeben. Der Große Mercedes, der bald nur noch schlicht und einfach 600 heißt, ist der Öffentlichkeit bereits auf der IAA in Frankfurt im September 1963 präsentiert worden. Wie die beiden 770er der 1930er-Jahre stellt er einen Technologieträger, ein Demonstrationsobjekt für den Stand der Technik des Hauses dar. Bei Trieb- und Fahrwerkstechnik sowie Komfortausstattung wurden alle Register gezogen. Einmal mehr ist ein exklusives Repräsentationsfahrzeug ohne jegliche Rücksicht auf profitable Belange entwickelt worden. Auch die Fertigung des 600 deutet auf den Sonderstatus hin: Er entsteht in winziger Serie im Souterrain des Sindelfinger Karosseriewerks und wird nahezu ausschließlich in Handarbeit komplettiert.

Die betont schlichte Linienführung mit Ecken und Kanten – angesichts der Größe des Fünfeinhalb-Meter-Autos war die Formgebung alles andere als einfach – und den großen Glasflächen des hohen, flachen Dachs mit den vergleichsweise zierlichen Säulen findet ihren Kontrast im üppigen Chromschmuck, besonders im fülligen Radlaufchrom. Das Styling wird in der Folgezeit aber auch als zu wuchtig bezeichnet: Die Proportionen seien nicht aus allen Blickwinkeln ausgewogen. An einigen Stilelementen wie der Panorama-Windschutzscheibe kann man erkennen, dass die Entwicklung des 600 in die 1950er-Jahre zurückreicht: Bereits 1956 hatte die Pkw-Vorentwicklung den Auftrag erhalten, eine große Repräsentationslimousine zu projektieren.

Als Antriebsaggregat dient ein V8-Einspritzmotor, der ein Novum für Daimler-Benz darstellt: Abgesehen vom 1,5-Liter-Grand-Prix-Rennmotor M 165 der 1930er-Jahre ist er der erste Mercedes-V8 überhaupt. Der Graugussblock ist im konventionellen Winkel von 90 Grad gegabelt. Dieses ohc-Triebwerk mit dem legendären Code M 100 gibt mit 6,3 l Hubraum bei 4000/min eine Höchstleistung von 250 PS und bei trägen 2800/min ein maximales Drehmoment von 500 Nm ab. Trotz eines Minimalleergewichts von 2475 kg – die meisten 600er wiegen je nach Radstand und Ausstattung deutlich mehr – werden in Verbin-

»Ein großer Stern geht auf« – so hieß es 1963 zu diesem Foto.

Die Linienführung des 600 kann trotz der imposanten Erscheinung als zurückhaltend und ungekünstelt bezeichnet werden.

Angesichts der schieren Größe völlig unerwartet: die sportwagenmäßigen Fahreigenschaften.

Das prägnante Antlitz des Sechshundert.

dung mit der serienmäßig eingebauten Viergang-Automatik sportwagenmäßige Fahrleistungen erzielt: Der 600 erreicht eine Höchstgeschwindigkeit von über 205 km/h und beschleunigt in 10 Sekunden von 0 auf 100 km/h.

Dieses Leistungsvermögen wird durch ein Fahrverhalten ergänzt, das ebenfalls aus der Welt der Sportwagen zu kommen scheint. Auf kurvenreicher Strecke wirkt das riesige Auto unerwartet handlich. Für die bestechenden Fahreigenschaften verantwortlich ist ein hoch entwickeltes Fahrwerk, das durch die Rollbalg-Luftfederung mit Niveauregulierung gekennzeichnet ist. Für optimale Fahrsicherheit sorgen auch die während der Fahrt von der Lenksäule aus verstell-

Eine der ersten 600-Pullman-Limousinen aus dem Jahre 1963.

Service für einen 600 Pullman. Der Erstbesitzer war John Lennon.

baren Stoßdämpfer und das Zweikreis-Bremssystem mit Luftdruck-Unterstützung – nicht etwa mit der üblichen Unterdruck-Servohilfe. Alle vier Räder sind mit Scheibenbremsen ausgerüstet, die an den Vorderrädern jeweils zwei Bremszangen aufweisen.

Kernstück der Hightech-Ausstattung des 600 ist die zentrale Komforthydraulik. Dieses äußerst komplexe, unter einem Druck von 150 bar stehende System wird von einer Hochdruckpumpe mit Drucköl versorgt, das einem verzweigten Leitungsnetz über einen Druckspeicher zugeführt wird. Neben der Servolenkung umfasst diese Anlage eine Vielzahl von unterstützenden Tätigkeiten: Lösen der Feststellbremse, Zuziehen der Türen, Schließen von Kofferraumdeckel und Motorhaube, Heben und Senken der Fenster sowie des Fensters der optionalen Trennwand, Handhabung der Heizungs- und Lüftungsklappen und die Sitzverstellung. Selbst der Wählhebel des Automatikgetriebes erfährt hydraulische Servohilfe. Und das auf Sonderwunsch erhältliche Stahlschiebedach – bei der Pullman-Limousine dürfen es sogar derer zwei sein – wird nicht etwa elektrisch, sondern hydraulisch bewegt. Bei abgestelltem Motor reicht der Druckvorrat im Zentralspeicher noch für eine ganze Reihe von Dienstbarkeiten. Die Zentralverriegelung wird allerdings durch Unterdruck betätigt. Dass dieser Superlativ von einem Automobil in einem Test der amerikanischen Fachzeitschrift *Road & Track* als »Bestes Auto der Welt« tituliert wird, erscheint nachvollziehbar ...

Außer der fünf- bis sechssitzigen Limousine mit einem Radstand von 3200 mm werden ziemlich bald vier sieben- bis achtsitzige Pullman-Varianten auf dem um 700 mm verlängerten Radstand angeboten: eine viertürige Pullman-Limousine mit Fondsitzen in vis-à-vis-Anordnung, eine sechstürige Pullman-Limousine mit Sitzbank im Fond und zusätzlichen Klappsitzen in Fahrtrichtung, beide Pullmans anfangs auch mit erhöhtem Dachaufbau und beschussgeschützt in Sonderschutzausführung, sowie ein nicht in der Preisliste enthaltenes Pullman-Landaulet. Dieses ist in viererlei Ausführungen erhältlich: Die sogenannte Standard-Version hat vier Türen, Fondsitze

Eine sechstürige Pullman-Limousine von 1964.

1965 schenkte Daimler-Benz Papst Paul VI. eine Sonderanfertigung des 600-Pullman-Landaulets mit reichhaltiger Sonderausstattung – darunter verbreiterte Fondtüren, ein mittig im Fond angeordneter Einzelsessel, ein angehobenes Dach und ein ebener Wagenboden im hinteren Abteil. Der Wagen wurde von zwei weiteren Päpsten benutzt, bis er nach einer Laufleistung von rund 40 000 Kilometern dem Museum des Vatikanstaates übereignet wurde.

Abschied: Am 10. Juni 1981 verlässt der letzte 600 den Sonderwagenbau in Sindelfingen.

etwa neun Limousinen des Basistyps 200 (W 123) kaufen. Die Pullman-Limousine kostet dementsprechend zwischen 63 500 und 165 760 DM, in sechstüriger Ausführung ist sie in den 1970er-Jahren um 10 000 DM teurer.

Der letzte 600er verlässt im Juni 1981 das Werk Sindelfingen. Während der 17-jährigen Produktionszeit sind insgesamt 2677 Fahrzeuge in Einzelanfertigung entstanden – 2190 Limousinen mit Normalradstand, 428 Pullman-Limousinen (304 Vier- und 124 Sechstürer) und 58 Landaulets. Von der Gesamtproduktion werden 45 Wagen – 26 Limousinen und 19 Pullman-Limousinen, darunter eine in sechstüriger Ausführung – gepanzert.

Diskrete Eleganz mit sechs und acht Zylindern: die vielköpfige Oberklassefamilie W 108/109

Mercedes-Benz 250 S (W 108 II, 1965–1969) und 250 SE (W 108 III, 1965–1968)

Im August 1965 kommt es in der Mercedes-Oberklasse zum Machtwechsel, als die großen Flossen-Limousinen mit Ausnahme des Auslaufmodells 230 S abgelöst werden. Mit der Doppelbaureihe W 108/109 tritt eine der verzweigtesten Modellfamilien der Mercedes-Benz-Oberklasse an, zunächst mit den Typen 250 S, 250 SE und 300 SE. Das in den frühen 1950er-Jahren begonnene Prinzip der Einheitskarosserie wird definitiv aufgegeben, Mittelklasse und Oberklasse werden von nun an eigenständig eingekleidet.

Allen drei Modellen gemeinsam ist eine wiederum von Friedrich Geiger gezeichnete und von Paul Bracq ausgearbeitete Karosserie, deren ausgewogene Linienführung sich in schnörkellos zurückhaltender Eleganz präsentiert. Durch schlankes Styling in sehr verhaltener Trapezform wirken die Autos optisch gestreckt. Dazu tragen auch die weiteren Designmerkmale wie das um 60 mm abgesenkte Dach, die tief liegende Gürtellinie und die großen Glasflächen bei. Tatsächlich sind die Abmessungen bei unverändertem Radstand von 2750 mm nur minimal gewachsen: Die Länge hat um 25, die Breite um 15 mm zugenommen – eigentlich kein echtes Wachstum gegenüber der »großen Flosse«, denn der bescheidene Zuwachs ist den Gummiauflagen der Stoßstangen zuzurechnen. Dagegen wurde die Sitzbreite deutlich vergrößert – vorn um 90, hinten um 70 mm. Am Armaturenbrett ist Vernunft eingekehrt: Das oft beanstandete Kombiinstrument mit seiner vertikalen Skala wurde durch zwei konventionelle Rundinstrumente ersetzt. Das Kühlergesicht erinnert in hohem Maße an die Vorgänger, obwohl Kotflügel und Motorhaube nach vorn flacher auslaufen und die Kühlermaske geringfügig breiter und niedriger ist. Die Lufteinlässe auf beiden Seiten des Grills sind unauffälliger gestaltet. Die senkrechten Leuchteinheiten sind baugleich mit denen der 220b-Reihe. Die Windschutzscheibe reicht weiter ins Dach hinein als bei den Vorgängern. Die Heckscheibe ist weniger gewölbt als bei den »Flossen« und harmoniert besser mit dem kantigen Dachabschluss. Das Heck hat an Wucht eingebüßt, aber das Kofferraumvolumen ist indessen kaum geringer geworden. Die schlanken Heckleuchten fügen sich homogen ins puristische Gesamtdesign ein. Die aparte Linienführung der Baureihe W 108/109 hat

Vergleich der Heckpartien: Der 250 S (W 108) wirkt klarer gezeichnet als der noch gebaute 230 S (W 111).

Die Leuchteinheiten der Baureihe W 108 sind mit denen der Vorgänger W 111 identisch – damit sind die formalen Gemeinsamkeiten aber fast schon aufgezählt.

Urlaubsstimmung mit 250 SE.

250 SE mit US-Export-Scheinwerfern und dem für die Ausfuhr vorgesehenen Zollkennzeichen mit den amerikanischen Besitzern auf Alpentour.

sich wieder von der Tagesmode entfernt und stellt ein gewisses Understatement unter Beweis.

In Bezug auf ihre Technik entsprechen die neuen Oberklässler weitgehend ihren Vorgängern. Ihre Triebwerke wurden aus den 2,2-Liter-Sechszylindern entwickelt. Die Vergrößerung des Hubraums auf 2,5 Liter erfolgte sowohl durch »Aufbohren« als auch durch Verlängerung des Hubs. Die jeweils paarweise eng zusammenstehenden Zylinder verhinderten ein weitergehendes Vergrößern der Bohrung. Die Kurbelwelle ist nun sieben- statt fünffach gelagert. Größere Ventile und fülligere Atemwege dienen der Leistungssteigerung. Der M 108 des 250 S wird wiederum von zwei Zenith-Registervergasern der Type 35/40 INAT versorgt. Die Verdichtung ist gegenüber dem 220 Sb auf 9,0:1 angehoben worden, die Nennleistung beläuft sich auf 130 PS bei 5400/min. Damit sind 185 km/h erreichbar, und die Standardbeschleunigung vollzieht sich in rund 13 Sekunden. Die Einspritzversion M 129 des 250 SE verfügt über eine Sechsstempel-Einspritzpumpe. Mit einer Verdichtung von 9,3:1 stehen bei 5500/min 150 PS zur Verfügung – gegenüber dem direkten Vorgänger 220 SEb ein ansehnlicher Kraftzuwachs, der eine Spitze von über 190 km/h und eine Null-auf-hundert-Spanne von kaum mehr als zehn Sekunden ermöglicht.

Die beiden 2,5-Liter-Maschinen werden zunächst von Kinderkrankheiten heimgesucht: Vor allem kommt es zu thermischen Problemen und in deren Folge zu Kolbenfressern. Vergrößertes Kolbenspiel beseitigt zwar das Klemmrisiko bei hoher Beanspruchung, führt aber zu stark erhöhtem Ölverbrauch. Deshalb werden die allzu großzügigen Toleranzen nach kurzer Zeit wieder zurückgenommen, dafür erhält der oberste Kolbenring zur endgültigen Gesundung eine Molybdänbeschichtung.

Das Fahrwerk ist weitgehend an der Technik der Baureihe W 111 orientiert. Die Eingelenk-Pendelachse ist mit der hydropneumatischen Ausgleichsfeder von Boge ausgerüstet. Ein Plus ist die Umstellung auf 14-Zoll-Räder, die auf Sonderwunsch mit Gürtelreifen der Größe 185 HR 14 bestückt werden können. Die Servolenkung gehört der Sonderausrüstungsliste ab Frühjahr 1966 an. Nur selten wird ein Wagen ohne sie ausgeliefert, da die Normallenkung mit mehr als vier Lenkradumdrehungen von Anschlag zu Anschlag recht indifferent wirkt. Das Fahrwerk ist straffer abgestimmt als bei den Vorgängern, ohne dass etwa Einbußen an Fahrkomfort zutage treten würden. Scheibenbremsen arbeiten nun an allen vier Rädern, Vorder- und Hinterräder verfügen über getrennte Bremskreise. Ein Bremskraftregler im hinteren Bremskreis verhindert ein zu frühes Blockieren der Hinterräder.

Die Preise liegen auf gewohnt hohem Niveau: Der 250 S kostet zuerst 15 300, später bis zu 16 261,50 DM, der 250 SE ist stets um 1550 DM teuerer. Bis zum optisch unauffälligen Modellwechsel im Januar 1968 sind vom 250 SE 55 181 Einheiten gefertigt worden. Der 250 S bleibt trotz Nachfolger 280 S bis März 1969 als etwas preisgünstigeres Auslaufmodell – Preisvorteil 888 DM – im Programm und erreicht eine Stückzahl von 74 677 Exemplaren.

Mercedes-Benz 300 SEb (W 108 IV, 1965–1967)

Auch der 170 PS starke Dreiliter-Leichtmetallmotor M 189 wird in die neue Oberklasse-Generation übernommen, obwohl er dem 2,5-Liter-Einspritzer nicht nachhaltig überlegen ist und nur marginal höhere Fahrleistungen erlaubt. Die vom Werk angegebene Spitze von 200 km/h wird nur mit dem Viergang-Schaltgetriebe und der längeren der beiden optionalen Antriebsübersetzungen erreicht. Das Automatikgetriebe gibt es nur auf Sonderwunsch. Ab Frühjahr 1966 ist ein ZF-Fünfgang-Getriebe als Sonderausstattung erhältlich. Auf Wunsch wird ein Sperrdifferenzial eingebaut, während die Servolenkung zur Grundausstattung zählt. Erstaunlich ist, dass die Zweitauflage des 300 SE ohne die charakteristische Luftfederung angeboten wird und das Fahrwerk der 250er mit der hydropneumatischen Ausgleichsfeder besitzt. Da lässt sich an der Verhältnismäßigkeit des Listenpreises von 21500 DM, der nach einem halben Jahr gar auf 22100 DM erhöht wird und gegenüber dem 250 SE einen Mehrpreis von 4750 DM darstellt, zweifeln. Die geringe Stückzahl von 2737 Exemplaren bis zur Einstellung der Produktion im Dezember 1967 erscheint so verständlich.

300 SEb – teurer Dreihunderter ohne Luftfederung.

Mercedes-Benz 300 SEL (W 109 III, 1966/67)

Auch der 300 SE lang der Flossengeneration erhält in der neuen Oberklasse-Familie mit sieben Monaten Verzögerung mit dem 300 SEL seinen Nachfolger. Wiederum sind Radstand und Wagenlänge jeweils um zehn Zentimeter gewachsen. Bei dieser Langversion ist abermals die Luftfederung zu finden, was mit dem »L« in der Typenbezeichnung und dem abweichenden Baumustercode W 109 dokumentiert wird.

Beim 300 SEL zählt das Automatikgetriebe zur Grundausstattung, das Viergang-Schaltgetriebe ist aber auf Sonderwunsch bei Minderpreis, das Fünfgang-Getriebe gegen Aufpreis lieferbar. Der gestreckte 300 SEL kostet mit Automatikgetriebe 29400 DM und ab April 1966 exakt 30000 DM. Bis zum Modellwechsel im Dezember 1967 werden 2369 Wagen ausgeliefert.

Wer die Luftfederung vermisst, muss zum verlängerten 300 SL greifen.

Mercedes-Benz 280 S (W 108 V 28, 1968-1972) und 280 SE (W 108 E 28, 1968 – 1972)

Kaum sind die großen 250er mit ihren begründeten und vermeintlichen Kritikpunkten auf dem Markt, werden die Sechszylinder-Triebwerke umfassend überarbeitet. Drehmomentschwäche, mangelhafte Durchzugskraft und die nicht mehr mögliche Hubraumvergrößerung führen zu tiefer gehenden Eingriffen: Die Zylinder sind nun nicht mehr paarweise, sondern in gleichen Abständen angeordnet, ohne dazwischen die üblichen Wassermäntel aufzuweisen. Die Wärmeableitung im Bereich der Brennräume erfolgt mit einer simplen Einfräsung auf Höhe des oberen Kolben-Totpunktes. Die Bohrung konnte so bei unverändertem Hub von 82 auf 86,5 mm erweitert werden. Dadurch nahm der Hubraum um 282 cm³ auf 2778 cm³ zu. Vier molybdänveredelte Kolbenringe pro Kolben stellen ein verbessertes thermisches Stehvermögen und eine längere Lebensdauer sicher. Der beim M 180 des ersten 220 eingeführte, in den Motorblock inegrierte Öl-Wasser-Wärmetauscher wurde durch einen noch wirksameren separaten Öl-Luft-Kühler ersetzt.

Der neue M 180, der im Januar 1968 seine Premiere im 280 S und SE feiert, ist wie gewohnt in Vergaser- und Einspritzversion erhältlich. Im 280 S stehen mit der im Prinzip baugleichen Doppelvergaseranlage des 250 S bei 5200/min 140 PS zur Verfügung. Der Einspritzmotor des 280 SE gibt mit 160 PS bei 5500/min ebenfalls zehn Mehr-PS ab. Hinsichtlich ihrer Fahrleistungen heben sich die 280er kaum von ihren Vorgängern ab: Der beste für den 280 SE ermittelte Testwert liegt bei 193 km/h. Auch Karosserie und Ausstattung haben sich im Vergleich zum 250 S/SE nur wenig ver-

280 SE, Baujahr 1970, 15 Jahre und 220 000 km später im Osterurlaub im Salzburger Land.

280 SE, Erstzulassung 26. Mai 1971, Sonderlackierung DB 172 Anthrazitgrau.

ändert. Äußere Unterscheidungsmerkmale sind die einteiligen, geschlitzten Radkappen und das größer »karierte« Kühlergitter.

Gleichzeitig mit dem 280 SE wird dessen im Modulsystem entstandene, da vom 300 SEL übernommene, und um 100 mm gestreckte Langversion vorgestellt. Die ursprüngliche Typenbezeichnung »280 SE lang« wird im September 1969 zu »280 SEL«, wobei das »L« im Gegensatz zum 300 SEL für »Langversion« steht. Denn der 280 SEL besitzt die normale Stahlfederung der Basistypen. Die Servolenkung zählt bei der Langversion zur Serienausstattung, während beim 280 S/SE dafür Aufgeld verlangt wird. Mangels ausreichender Nachfrage wird der Bau des 280 SEL im April 1971 nach 8250 gefertigten Exemplaren eingestellt, da sich das Käuferinteresse in diesem Genre – speziell im Nordamerika-Export – den inzwischen erhältlichen V8-Langversionen zugewandt hat.

Bei ihrer Markteinführung kosten der 280 S 16995 DM, der 280 SE 18590 DM und die Langversion 21230 DM. Bei ihrem jeweiligen Produktionsende belaufen sich die Listenpreise der drei großen

280 SE lang, Anfang 1968. Ab September 1969 dürfen die Langversionen 280 SEL heißen.

Sechszylinder auf 21223,20 DM, 23110,20 DM bzw. 24586,50 DM. Die Limousinen mit Normalradstand werden im September 1972 von den gleichnamigen Modellen der grundlegend neuen Baureihe W 116 abgelöst. Im Rückblick können sie als ausgesprochen erfolgreich betrachtet werden: Der 280 S bringt es auf 93666 verkaufte Einheiten, der 280 SE auf eine Stückzahl von 91051.

TECHNISCHE DATEN Sechszylinder-Limousinen W 108 / W 109

Modell	**250 S**	**250 SE**	**300 SEb**	**300 SEL**	**280 S**	**280 SE**	**280 SE lang bzw. SEL**	**300 SEL**
Baumuster	W 108 II; 108.012	W 108 III; 108.014	W 108 IV; 108.015	W 109 III; 109.015	W 108 V 28; 108.016	W 108 E 28; 108.018	W 108 E 28; 108.019	W 109 E 29; 109.016
Karosserieform	viertürige Limousine							
Bauzeit	09/1965–03/1969	09/1965–01/1968	08/1965–12/1967	03/1966–12/1967	01/1968–09/1972		01/1968–04/1971	02/1968–01/1970
Motor								
Bauart (Viertakt-Otto)	Reihen-Sechszylinder M 108 I	Reihen-Sechszylinder M 129 I	Reihen-Sechszylinder M 189 VIII	Reihen-Sechszylinder M 189 VII	Reihen-Sechszylinder M 130 V 28	Reihen-Sechszylinder M 130 E 28		
Hubraum in cm³	2496		2996		2778			
Bohrung × Hub in mm	82 × 78,8		85 × 88		86,5 × 78,8			
Leistung in PS/kW bei min⁻¹	130/96 bei 5400	150/110 bei 5500	170/125 bei 5400		140/103 bei 5200	160/118 bei 5500		170/125 bei 5750
max. Drehmoment in Nm bei min⁻¹	198 bei 4000	220 bei 4200	254 bei 4000		228 bei 3600	245 bei 4250		245 bei 4500
Ventilsteuerung; Ventile pro Zylinder	ohc (1 oben liegende Nockenwelle, Doppelrollenkette); 2							
Gemischaufbereitung	2 Fallstrom-Registervergaser Zenith 35/40 INAT	mechanisch geregelte Saugrohr-Benzineinspritzung mit 6-Stempel-Pumpe			2 Fallstrom-Registervergaser Zenith 35/40 INAT	mechanisch geregelte Saugrohr-Benzineinspritzung mit 6-Stempel-Pumpe		
Verdichtung	9,0	9,3; ab 09/1966: 9,5	8,8		9,0	9,5		

TECHNISCHE DATEN Sechszylinder-Limousinen W 108 / W 109								
Modell	**250 S**	**250 SE**	**300 SEb**	**300 SEL**	**280 S**	**280 SE**	**280 SE lang bzw. SEL**	**300 SEL**
Motor								
Elektrik	12 Volt; Batterie 44 Ah	12 Volt; Batterie 55 Ah	12 Volt; Batterie 66 Ah		12 Volt; Batterie 55 Ah			12 Volt; Batterie 66 Ah
Lichtmaschine	Drehstrom 490 Watt		300 Watt		Drehstrom 490 Watt; ab 12/1970: 770 Watt			Drehstrom 490 Watt
Kraftübertragung								
Getriebe	4-Gang-Schaltgetriebe, voll synchronisiert; a. W. 4-Stufen-Automatik		4-Gang-Schaltgetriebe, voll synchronisiert; a. W. 5-Gang-Schaltgetriebe, voll synchronisiert; a. W. 4-Stufen-Automatik					
Antrieb	Hinterräder							
Rahmen und Fahrwerk								
Aufbau, Rahmen	selbsttragende Ganzstahlkarosserie; Rahmen-Boden-Anlage							
Radaufhängung vorn	Doppelquerlenker			Doppelquerlenker; 2 Luftkammer-Federbälge	Doppelquerlenker			
Radaufhängung hinten	Eingelenk-Pendelachse mit hydropneumatischer Ausgleichsfeder und Niveauregulierung			Eingelenk-Pendelachse mit Niveauregulierung; 2 Luftkammer-Federbälge	Eingelenk-Pendelachse mit hydropneumatischer Ausgleichsfeder und Niveauregulierung			Eingelenk-Pendelachse mit Niveauregulierung; 2 Luftkammer-Federbälge
Lenkung	Kugelumlauflenkung, a. W. Servolenkung		Kugelumlauf-Servolenkung		Kugelumlauflenkung, a. W. Servolenkung		Kugelumlauf-Servolenkung	

<table>
<tr><th colspan="9">TECHNISCHE DATEN Sechszylinder-Limousinen W 108 / W 109</th></tr>
<tr><th>Modell</th><th>250 S</th><th>250 SE</th><th>300 SEb</th><th>300 SEL</th><th>280 S</th><th>280 SE</th><th>280 SE lang bzw. SEL</th><th>300 SEL</th></tr>
<tr><td colspan="9">Rahmen und Fahrwerk</td></tr>
<tr><td>Bremsen</td><td colspan="8">hydraulische Zweikreis-Bremsanlage mit Unterdruck-Bremskraftverstärker; 4 Scheiben</td></tr>
<tr><td>Felgengröße</td><td colspan="8">6 J × 14 HB</td></tr>
<tr><td>Bereifung</td><td colspan="8">7,35 H 14 oder 185 H 14</td></tr>
<tr><td colspan="9">Maße und Gewichte</td></tr>
<tr><td>Radstand in mm</td><td colspan="3">2750</td><td>2850</td><td>2750</td><td></td><td colspan="2">2850</td></tr>
<tr><td>Spur vorn/ hinten in mm</td><td colspan="3">1482/1485</td><td>1482/1490</td><td colspan="4">1482/1485</td></tr>
<tr><td>Länge/Breite/ Höhe in mm</td><td colspan="3">4900/1810/1440</td><td>5000/1810/ 1415</td><td colspan="2">4900/1810/1440</td><td>5000/1810/ 1440</td><td>5000/1810/ 1410</td></tr>
<tr><td>Leergewicht in kg</td><td>1440</td><td>1480</td><td>1560</td><td>1640</td><td>1470</td><td>1495</td><td>1525</td><td>1630</td></tr>
<tr><td>Tankinhalt in l</td><td colspan="8">82</td></tr>
<tr><td colspan="9">Leistungsdaten</td></tr>
<tr><td>Höchstgeschwin-digkeit in km/h</td><td>180</td><td>190</td><td colspan="2">200</td><td>185</td><td colspan="2">190</td><td>195</td></tr>
<tr><td>Beschleunigung 0–100 km/h in sec</td><td>12,8</td><td>11,8</td><td colspan="2">10,9</td><td>12,5</td><td colspan="3">10,5</td></tr>
<tr><td>Kraftstoffver-brauch in l/100 km</td><td colspan="2">11,7</td><td>12,5</td><td>13,0</td><td colspan="4">12,3</td></tr>
<tr><td colspan="9">Sonstiges</td></tr>
<tr><td>Stückzahl</td><td>74 677</td><td>55 181</td><td>2737</td><td>2369</td><td>93 666</td><td>91 051</td><td>8250</td><td>2519</td></tr>
<tr><td>Preis bei Markt-einführung</td><td>DM 15 300</td><td>DM 16 850</td><td>DM 21 500</td><td>DM 29 400</td><td>DM 16 995</td><td>DM 18 590</td><td>DM 21 230</td><td>DM 25 740</td></tr>
</table>

Mercedes-Benz 300 SEL (W 109 E 28, 1968–1970)

Ende 1967 wird der immens teure Dreiliter-Leichtmetallmotor zu Grabe getragen und im Februar 1968 durch den auf 170 PS leistungsgesteigerten 2,8-Liter-Einspritzmotor des Baumusters 130.981, der quasi identisch mit dem im 280 SL verbauten Triebwerk 130.983 ist, ersetzt. Dabei behält man aus gutem Grund trotz des geringeren Hubraums die prestigeträchtige Zahl 300 in der Typenbezeichnung bei. Am zweiten großen Charakteristikum, der Luftfederung mit Niveauausgleich und Gummi-Zusatzfedern, wird dagegen festgehalten. Von außen ist der zweite 300 SEL nicht ohne Weiteres vom verlängerten 280 SE zu unterscheiden.

Nahezu 90 Prozent der Käufer des 300 SEL, der unverständlicherweise in Grundausstattung mit Schaltgetriebe angeboten wird, entscheiden sich für die aufpreispflichtige Getriebeautomatik. Andererseits umfasst der serienmäßige Lieferumfang nun auch Servolenkung, elektrische Fensterheber und eine Stereoanlage mit Automatikantenne. Der Preis ist letztlich mit 25 974 DM aexorbitant. Da können die

Zweite Auflage des 300 SEL, nun mit dem 2,8-Liter-Sechszylinder.

Stückzahlen nicht in den Himmel wachsen: Bis zum Fertigungsschluss im Januar 1970, als das Feld der weitaus besser zu dem großen Auto passenden 3,5-Liter-V8-Maschine überlassen wird, entstehen 2519 Exemplare.

Mercedes-Benz 300 SEL 3.5 (W 109 E 35/1, 1969–1972)

Im September 1969 wird auf der IAA in Frankfurt die adäquate Motorisierung für den luftgefederten Dreihunderter vorgestellt, der 300 SEL 3.5 heißt und im November des selben Jahres in Produktion geht. Acht Zylinder versprechen Prestige und Leistung. Zwar gibt es bereits seit fast zwei Jahren den 300 SEL 6.3 – doch der spielt in einer anderen Liga. Der »kleine« ohc-V8 des Baumusters M 116 ist nur 13 kg schwerer als der

Mit dem V8-Triebwerk ist der Dreihunderter adäquater motorisiert: 300 SEL 3.5.

Sechszylinder mit mechanischer Benzineinspritzung und bietet den Vorteil der niedrigeren Einbauhöhe. Die Zylinderreihen des neuen Motors stehen konventionell im Winkel von 90 Grad zueinander. Das Bohrung-Hub-Verhältnis ist deutlich überquadratisch. Der Hubraum von 3499 cm³ ist ausbaufähig. Der Motorblock wird aus Grauguss gefertigt, die Ölwanne und die beiden Zylinderköpfe, die interessanterweise gegeneinander austauschbar sind, bestehen aus Leichtmetallguss.

Nach dem 250-CE-Coupé hält nun die elektronisch gesteuerte Benzineinspritzung der Bosch-Bauart D-Jetronic auch in der Oberklasse Einzug. Die bisher verwendete, als Präzisionsteil sehr teure Mehrstempel-Einspritzpumpe weicht einem weitaus kostengünstiger herzustellenden elektronischen Steuergerät. Mehrere Einflussgrößen werden permanent gemessen, dem Zentralrechner zugeführt und dort verarbeitet. Die Einspritzdüsen werden durch exakt gesteuerte elektromagnetische Ventile ersetzt. Der Kraftstoff in der selbst antriebslosen D-Jetronic steht durch die im Wagenheck angeordnete elektrische Benzinpumpe ständig unter Druck. Im 300 SEL 3.5 debütiert bei Daimler-Benz die Transistorzündung, die den Kontaktabbrand auf ein Minimum reduziert. Die Unterbrecherkontakte sind nur noch mit einem Drittel der normalen Stromstärke belastet, da sie lediglich einen Steuerstrom übertragen. Der M 116 gibt bei 5800/min 200 PS ab und erweist sich damit als kerniger Leistungsträger. 200 km/h werden in Tests deutlich übertroffen und die Standardbeschleunigung vollzieht sich genauso klar unterhalb von zehn Sekunden.

Bei seinem Auslieferungsbeginn kostet der luftgefederte Drei-Fünfer 28195 DM, bis zum Produktionsende im September 1972 ist diese Summe auf 34077 DM angewachsen – ein natürliches Regulativ für die Stückzahl: In drei Produktionsjahren werden gerade 9583 Exemplare gebaut.

Historischer Augenblick: Ein 300 SEL 3.5 ist beim Verladen des Wankel-GT-Prototyps C 111 zugegen. Das Szenario deutet auf Versuchs- oder Messfahrten hin.

Mercedes-Benz 300 SEL 4.5 (W 109 E 45, 1971/72)

Zu Beginn der 1970er-Jahre strebt die heutzutage abgeebbte Abgashysterie in den Vereinigten Staaten einem ersten Höhepunkt zu. Angesichts der ersten von der EPA diktierten, in hohem Maße leistungsmindernden Eingriffe wurde schnell klar, dass der neu entwickelte 3,5-Liter-V8 für die Belange des US-Markts bald zu klein sein würde. Das Rezept steht in Untertürkheim sozusagen bereits im Regal: Der unveränderte 3,5-Liter-Block erhält eine neue Kurbelwelle, die den Hub um 19,2 mm verlängert. Der Hubraum ist auf 4520 cm^3 angewachsen, der Baumustercode für dieses Aggregat lautet M 117. Ab Mai 1971 werden die für die Ausfuhr in die USA und nach Kanada bestimmten 300 SEL mit dem 4,5-Liter-V8 ausgerüstet. In Europa ist der 4.5 nicht erhältlich. Allerdings treten heute nicht wenige Fahrzeuge mit der Ziffernfolge »4.5« auf dem Heckdeckel den Rückweg in Liebhaberhände im Geburtsland an.

Die Verdichtung wurde von $\varepsilon = 9{,}5$ auf $\varepsilon = 8{,}0$ abgesenkt, um den Betrieb mit bleifreiem ROZ-91-Normalbenzin zu ermöglichen. Entschärfte Nockenprofile und veränderte Kenndaten der Zündung tragen zur Drosselung der Motorleistung auf 195 DIN-PS bei 4500/min bei. Viel bemerkenswerter als der Motor ist das generell mit dem 4.5 gekoppelte brandneue Automatikgetriebe der Type W 3 A. Der Buchstabe »W« steht für »Wandler«, denn endlich hat man die hydraulische Kupplung durch einen Drehmomentwandler ersetzt, der höheren Schaltkomfort bietet und den Ansprüchen der in dieser Hinsicht verwöhnten US-Kundschaft entgegenkommt. Europa muss darauf noch bis zur Nachfolgegeneration warten, die im Herbst 1972 erscheint. Im Oktober 1972 wird die Produktion des 300 SEL 4.5 nach 2553 Wagen dieses Typs eingestellt.

Würde man die Nebellampen durch die großen US-Blinkleuchten ersetzen, wären 300 SEL 3.5 und 4.5 aus dieser Perspektive nicht zu unterscheiden.

Mercedes-Benz 280 SE/SEL 3.5 (W 108 E 35/1, 1971/72) und 280 SE/SEL 4.5 (W 108 E 45, 1971/72)

Mit Blick auf den doch sehr exklusiven 300 SEL 3.5 bietet sich auch eine V8-Variante des stahlgefederten 280 SE und seiner um zehn Zentimeter gestreckten Langversion an. Der Straßenversuch beginnt im Juli 1970, die offizielle Vorstellung erfolgt im Januar 1971 beim Amsterdamer Automobilsalon, und die Fertigung beginnt im März 1971. Die Grundausrüstung des 280 SE/SEL 3.5 umfasst Servolenkung und Viergang-Schaltgetriebe, die Automatik zählt zur Sonderausrüstung, wird aber von 78 Prozent der Käufer geordert. Wie beim 300 SEL 3.5 sind die vorderen Bremsscheiben innenbelüftet. Trotz härterer Abstimmung hat das Fahrwerk angesichts des 200 PS starken Triebwerks ungeachtet der hydropneumatischen Ausgleichsfeder mit der Eingelenk-Pendelachse seine Grenzen erreicht.

Die Listenpreise liegen bei 25 974 DM bzw. 28 416 DM für den SEL. Die Testwerte für die Spitze des 280 SE 3.5 streuen bis über 210 km/h, während der Standardsprint in knapp neun Sekunden absolviert wird. Bei Produktionsende im September 1972 bzw. im August 1972 (Langversion), sind 11 309 bzw. 951 Einheiten entstanden, darunter 28 SEL in Sonderschutz-Ausführung. Für eine Verweildauer von nur anderthalb Jahren im Lieferprogramm ist das gewiss alles andere als ein klägliches Ergebnis. Noch erfolgreicher ist die ausschließlich auf dem Nordamerika-Markt verkaufte 4,5-Liter-Version des 280 SE/SEL. Ihre Fertigung läuft zwei Monate nach dem Start der 3,5-Versionen an und endet erst im November 1972. Vom 280 SE 4.5 wird die überzeugende Zahl von 13 527 Limousinen abgesetzt, vom 280 SEL 4.5 sind es 8173 Exemplare.

Nur die rechte Ziffernfolge enttarnt die V8-Version des 280 SE.

Vom 280 SEL 3.5 in Sonderschutz-Ausführung entstanden nur 28 Exemplare.

Mercedes-Benz 300 SEL 6.3 (W 109 E 63, 1967–1972)

In vielerlei Beziehung eine Ausnahmeerscheinung stellt das Alphatier der Doppelbaureihe W 108/109 dar: der 300 SEL 6.3. So entstammt der legendäre, muskulöse Sechs-Dreier nicht etwa – wie üblich – einem werksinternen Entwicklungsauftrag, sondern einer vor der Firmenleitung verborgenen Privatinitiative innerhalb der Versuchsabteilung. Nach einer Eingebung des Entwicklungsingenieurs Erich Waxenberger wird im Herbst 1966 die Grobstruktur einer Hochleistungs-Limousine festgelegt. Mehr oder minder unbewusst orientiert sich Waxenberger an den in den Sechzigerjahren in den USA populären *muscle cars,* die durch Transplantation großvolumiger *big block*-V8s in relativ kompakte, mittelgroße Serienwagen entstanden. Diese Rezeptur wird auch beim 6.3 angewandt: Verpflanzung des unveränderten 6,3 Liter

TECHNISCHE DATEN V8-Limousinen W 108 / W 109

Modell	**280 SE (SEL) 3.5**	**280 SE (SEL) 4.5 USA**	**300 SEL 3.5**	**300 SEL 4.5 USA**	**300 SEL 6.3**
Baumuster	W 108 E 35/1; 108.057 (108.058)	W 108 E 45; 108.067 (108.068)	W 109 E 35/1; 109.056	W 109 E 45; 109.057	W 109 E 63; 109.018
Karosserieform	viertürige Limousine				
Bauzeit	03/1971–09/1972	05/1971–11/1972	11/1969–09/1972	05/1971–10/1972	12/1967–09/1972
Motor					
Bauart (Viertakt-Otto)	V8-Motor M 116 E 35	V8-Motor M 117 E 45	V8-Motor M 116 E 35	V8-Motor M 117 E 45	V8-Motor M 100 E 63
Hubraum in cm^3	3499	4520	3499	4520	6332
Bohrung × Hub in mm	92 × 65,8	92 × 85	92 × 65,8	92 × 85	103 × 95
Leistung in PS/kW bei min^{-1}	200/147 bei 5800	198/146 bei 4500	200/147 bei 5800	198/146 bei 4500	250/184 bei 4000
max. Drehmoment in Nm bei min^{-1}	292 bei 4000	365 bei 3000	292 bei 4000	365 bei 3000	510 bei 2800
Ventilsteuerung; Ventile pro Zylinder	ohc (je Zylinderbank 1 oben liegende Nockenwelle, Doppelrollenkette); 2				
Gemischaufbereitung	elektronisch geregelte Saugrohr-Benzineinspritzung Bosch D-Jetronic				mechanisch geregelte Saugrohr-Benzin-einspritzung; 8-Stempel-Pumpe
Verdichtung	9,5	8,0	9,5	8,0	9,0
Elektrik	12 Volt; Batterie 66 Ah				
Lichtmaschine	770 Watt				
Kraftübertragung					
Getriebe	4-Gang-Schaltgetriebe, voll synchronisiert; a. W. 4-Stufen-Automatik	3-Stufen-Automatik-getriebe	4-Gang-Schaltgetriebe, voll synchronisiert; a. W. 4-Stufen-Automatik	3-Stufen-Automatik-getriebe	4-Stufen-Automatik-getriebe
Antrieb	Hinterräder				

TECHNISCHE DATEN V8-Limousinen W 108 / W 109

Modell	280 SE (SEL) 3.5	280 SE (SEL) 4.5 USA	300 SEL 3.5	300 SEL 4.5 USA	300 SEL 6.3
Rahmen und Fahrwerk					
Aufbau, Rahmen	selbsttragende Ganzstahlkarosserie; Rahmen-Boden-Anlage				
Radaufhängung vorn	Doppelquerlenker		Doppelquerlenker; 2 Luftkammer-Federbälge		
Radaufhängung hinten	Eingelenk-Pendelachse mit hydropneumatischer Ausgleichsfeder und Niveauregulierung		Eingelenk-Pendelachse mit Niveauregulierung; 2 Luftkammer-Federbälge		
Lenkung	Kugelumlauf-Servolenkung				
Bremsen	hydraulische Zweikreis-Bremsanlage mit Unterdruck-Bremskraftverstärker; 4 Scheiben				
Felgengröße	6 J × 14 HB				6½ J × 14 HB
Bereifung	185 V 14/6 PR, a. W. 185 VR 14	7,35 V 14/6 PR	185 V 14/6 PR, a. W. 185 VR 14	7,35 V 14/6 PR	195 VR 15 oder 205 VR 14
Maße und Gewichte					
Radstand in mm	2750 (2850)		2850		2865
Spur vorn/hinten in mm	1482/1485				1490/1485
Länge/Breite/Höhe in mm	4900/1810/1440 (5000/1810/1440)		5000/1810/1410	5000/1810/1440	5000/1810/1420
Leergewicht in kg	1555 (1585)	1675 (1705)	1630	1755	1780
Tankinhalt in l	82				105
Leistungsdaten					
Höchstgeschwindigkeit in km/h	210	200	210	200	225
Beschleunigung 0–100 km/h in sec	9,0	11,0	9,0	11,0	6,5
Kraftstoffverbrauch in l/100 km	13,0	15,0	13,0	15,0	15,5
Sonstiges					
Stückzahl	11 309 (951)	13 527 (8173)	9583	2553	6526
Preis bei Markteinführung	DM 24 919,50 (DM 27 306)	nur Export	DM 29 637	nur Export	DM 39 160

Der »Wolf im Schafspelz« in seinem Element: 300 SEL 6.3 bei Messfahrten auf dem Hockenheimring.

Ein wahres Kraftwerk – der M 100 aus dem 600.

großen M 100 samt Automatikgetriebe aus dem Typ 600 in den luftgefederten 300 SEL. Ziel ist dabei, mit einer luxuriösen Reiselimousine das Leistungspotenzial hochkarätiger Sportwagen zu erreichen oder zu übertreffen.

Die Verwendung eines Schaltgetriebes scheidet frühzeitig aus, da wegen des hohen zu übertragenden Drehmoments von 510 Nm nur Handschalter aus dem Nutzfahrzeugbau in Frage kommen, die sich als wenig komfortabel erweisen. Das von wenigen Eingeweihten bearbeitete Projekt wird nachträglich vom Vorstand abgesegnet. Vorderradaufhängung und Rahmenvorbau müssen völlig neu konzipiert werden, unter der Motorhaube muss Platz geschaffen werden, ein neuer Mitteltunnel ist zu entwerfen und Versteifungen des Aufbaus sind nötig. Die Wärmeabfuhr am Triebwerk, am Antrieb und selbst an der Lenkung bereitet Probleme. Innenbelüftete Bremsscheiben vorn und hinten sind für die Standfestigkeit obligatorisch. Die Servolenkung wird mit i = 16,0 statt i = 17,2 direkter ausgelegt als beim Rest der Typenfamilie W 108/109. Die Hinterachse benötigt ein Sperrdifferenzial. Der Tankinhalt wird angesichts des zu erwartenden Kraftstoffkonsums von 82 auf 105 Liter vergrößert. Ende 1967 beginnt der Straßenversuch und im März 1968 wird der Sechs-Dreier auf dem Genfer Autosalon vorgestellt, wo er trotz seines hohen Einstandspreises von 39160 DM – immerhin mehr als das Doppelte des auf einen flüchtigen Blick nicht unähnlichen 280 SE – auf lebhaftes Interesse stößt.

Äußerlich hebt sich der 300 SEL 6.3 kaum von seinen geringeren Brüdern ab. Lediglich durch die fülligeren Reifen, die erstmals bei der Europaversion eines Mercedes-Personenwagens verwendeten senkrechten Leuchteinheiten mit den doppelten Halogenscheinwerfern und die serienmäßigen Weitstrahler lässt er sich unterscheiden – aber alle diese Merkmale werden häufig und gern auch bei den anderen W-108/109-Typen geordert oder nachgerüstet. Gleiches gilt für die ab Herbst 1968 als Sonderausstattung erhältlichen geschmiedeten Fuchs-Leichtmetallräder. Das Werk gibt eine Höchstgeschwindigkeit von 225 km/h und eine Beschleunigungszeit von 6,5 Sekunden für den Null-auf-hundert-Sprint an, aber beide Werte werden in keinem unabhängigen Test erreicht. Realistischer sind 220 km/h und 7,5 Sekunden – 1968 immerhin herausragende Ziffern. Der 6.3 beschleunigt schneller als ein Porsche 911 S, Jaguar E-Type 4.2 und Maserati Mistral. Als die Produktion dieses Superlativs im September 1972 eingestellt wird, steht der Listenpreis bei 47397 DM. Im Licht dieser distanzierenden Summe kann das Produktionsergebnis von 6526 Wagen durchaus als Erfolg verbucht werden.

Testfahrten mit dem Sechs-Dreier und Rauno Aaltonen 1969 auf dem Hockenheimring.

Renommee und Komfort statt sportlicher Gene für die langlebige dritte Roadster-Generation

Mercedes-Benz Roadster 280 SL bis 560 SL (R 107, 1971–1989)

Die Charaktervielfalt der Mercedes-Roadster setzt sich mit der Baureihe R 107 fort. Den Beginn verkörperten nach dem Krieg die zwei Varianten des hochkarätigen Hochleistungs-Sportwagens 300 SL, wobei das Dach erst bei der zweiten Auflage zu öffnen ist. Parallel dazu gibt es den wesentlich bürgerlicheren, unter hartgesottenen Sportwagen-Freaks als zu »soft« eingestuften 190 SL. Der unter dem Übernamen »Pagode« bekannte, mit klaren Linien gezeichnete, kompakte und dabei breitbeinig daherkommende Nachfolger 230–280 SL ist wieder mehr in Richtung maskuliner Sportlichkeit getrimmt und vermag sogar Lorbeer zu erringen.

Im Kontrast dazu zeigt der im April 1971 vorgestellte 350 SL ein völlig anderes Bild: Die ausladenden Formen und der für einen Sportwagen etwas schwülstig geratene und durch großzügigen Chromzierrat unterstrichene Habitus führen zu herber Kritik in der Fach-

Der SL der Siebzigerjahre galt gegenüber der »Pagode« als vollschlank oder gar wuchtig. Hier ein 280 SL des Jahrgangs 1982 beim Tourensport.

presse. Zielt das Design auf den nordamerikanischen Markt? Die Verkaufszahlen in der Neuen Welt scheinen es letztendlich zu beweisen. Zwar kann der leistungsfähige V8-Motor durchaus punkten, aber das Flair des reinen Luxusgeschöpfs bleibt haften. Die nackten Zahlen bestätigen diese Tendenz zunächst durchaus: Der Radstand hat gegenüber der »Pagode« zwar nur um 55 mm zugenommen, die Länge aber um 105 mm – was sich in wenig sportiven Überhängen äußert. Die Spurweite ist trotz voluminöserer Bereifung gar um 50 mm geringer geworden, während die Wagenbreite um 30 mm zugelegt hat. Ergebnis: füllige seitliche Überhänge. Dem veränderten Charakter hin zum Tourensportwagen, zum sportlichen Langstrecken-Reisesportler im Sinn eines Gran Turismo wird von den automobilen Beckmessern kaum Rechnung getragen. Der deutlich besser ausgestattete und an neuere Sicherheitsvorgaben angepasste Zweisitzer ist um 185 kg schwerer als sein direkter Vorläufer, aber dieser Zuwachs wird durch die höhere Motorleistung aller Varianten des R 107 mehr als ausgeglichen.

Die Stylingchef Friedrich Geiger zuzurechnende Linienführung bedient sich ganz zeitgemäß einer moderaten Keilform: Dem hohen Kastenheck steht eine flach abfallende Motorhaube gegenüber. Der 107er wirkt optisch breiter als er ist, da die Horizontale vorn durch das SL-typische Kühlergesicht und hinten durch die großen, schmutzabweisend gerippten Heckleuchten betont wird. Stilistisch nicht unumstritten sind die gerillten Unterteile der Flanken, die aufgewirbeltes Schmutzwasser von den Seitenflächen fernhalten sollen. Auch der abgeflachte hintere Radausschnitt vermag nicht auf Anhieb zu gefallen, da er dem Seitenteil zu wenig Wucht nimmt. Das Roadsterverdeck hat – abweichend von üblicher Fachbezeichnung – mit dem traditionellen Leichtbau dieses Karosserie-Genre wenig zu tun und ist solide und hochwertig gearbeitet, dabei aber ohne große Mühen zu bedienen. Das zunächst nur als Extra lieferbare, ab 1980 aber serienmäßige Hardtop nimmt das Pagoden-Design des Vorgängers auf. Die gleiche sanfte konkave Kehlung zeigt der Kofferraumdeckel. Die Windschutzscheibe bietet wegen ihrer starken Neigung trotz der deutlich größeren Glasfläche und wegen der starken Wölbung der Motorhaube gegenüber der »Pagode« ein eingeschränkteres Sichtfeld.

Die Rahmen-Boden-Anlage mit geschlossenem Mittelträger ist mit der Bodengruppe der seit 1968 gebauten Mittelklasse-Doppelbaureihe W 114/115 keineswegs identisch, zumal Kardantunnel und Seitenschweller aus Gründen der Verwindungssteifigkeit erheblich stärkere Profile aufweisen. Dafür ist das Fahrwerk eng an die »Strich-Achter« angelehnt: Die hintere Schräglenkerachse ruht auf einem Fahrschemel, die Vorderräder werden an doppelten, ebenfalls in einem Fahrschemel gelagerten Dreiecks-Querlenkern geführt. Bremsnick-Abstützung und Scheibenbremsen sind ringsum inbegriffen.

Der nordamerikanische Markt spielte bei der Konzeption der R-107-Reihe eine wichtige Rolle, denn nahezu ein Drittel der Produktion überquerte den Atlantik westwärts. Hier ein 450 SL in US-Ausführung mit den unsäglichen 5-mph-Stoßstangen.

Die Typenfamilie R 107 darf den Superlativ der längsten Fertigungsspanne eines Mercedes-Personenwagens in Anspruch nehmen – es sind mehr als 18 Jahre. Da wird selbst der bisherige Langläufer 170 V mit einer allerdings kriegsbedingt unterbrochenen Amtszeit von 13 Jahren entthront. Verantwortlich für diese überaus lange Verweildauer im Lieferprogramm ist die nicht enden wollende Nachfrage aus Nordamerika. Der Export dorthin, den man schon bei der Konzeption der Zweisitzer fest im Auge hatte, boomt ungemein: Fast zwei Drittel der Stückzahl von einer knappen Viertelmillion werden allein in die USA ausgeliefert – mit Anteilen von 88 und sogar 94 Prozent für die großvolumig motorisierten Baureihen. Anheizer für diese Affinität sind nicht zuletzt die banalen US-Neureich-Familienserien im Fernsehen, in denen der 107er geschickt platziert wird. Kein Wunder auch, dass der 107er jenseits des Atlantiks eine »Frauenquote« von 38 Prozent aufweist. Die Hochkonjunktur der Nordamerika-Ausfuhr lässt in der Heimat sogar Lieferengpässe entstehen und verzögert letztlich den fälligen Modellwechsel um zwei Jahre.

Mercedes-Benz 350 SL (R 107 E 35, 107.043, 1971–1980)

An den Start geht die dritte Roadster-Generation mit einem Achtzylinder. Von Anfang der Entwicklung an war auch ein 2,8 Liter großer Sechszylinder vorgesehen, allerdings dachte man noch an eine Weiterentwicklung des M 130, wie er in der »Pagode« Verwendung fand. Noch liegt der Reihen-Sechser aber auf Eis. Der V8-Motor des Baumusters M 116 mit 90 Grad Zylinderwinkel und 3,5 Liter Hubraum ist bereits bekannt, denn das moderne, ausgesprochen kurzhubig ausgelegte und dadurch munter drehende Triebwerk findet seit Ende 1969 in der Doppelbaureihe W 108/109 (300 SEL 3.5 bis 280 SE 3.5) Verwendung. Der Gemischversorgung dient zunächst eine elektronische Benzineinspritzung der Bosch-Type D-Jetronic, deren Anpassungsfähigkeit an veränderte Emissionsbestimmungen ebenso zu wünschen übrig lässt wie ihre Zuverlässigkeit. Bei einer Verdichtung von $\varepsilon = 9{,}5$ stehen 200 PS und ein Höchstdrehmoment von 286 Nm zur Verfügung. Der V8 läuft leise, spricht spontan an und gilt als relativ sparsam. Serienmäßig ist er mit einem Viergang-Schaltgetriebe kombiniert, gegen Aufpreis gibt es sowohl ein mechanisches Fünfgang-Getriebe, dessen fünfter Gang als Schongang ausgelegt ist, und ein Automatikgetriebe. Dieses ist zunächst das bewährte, aber unter Insidern als »Ruckomatic« persiflierte vierstufige Planetengetriebe mit hydraulischer Kupplung. Ab September 1972 weicht es einem weicher schaltenden Dreigang-Planetengetriebe mit Drehmomentwandler.

Mit dem 350 SL und erstmals acht Zylindern erfolgte 1971 der Aufbruch in die vierte Roadster-Generation.

Im Februar 1976 wird die D-Jetronic durch die antriebslose, mechanisch gesteuerte Bosch K-Jetronic ersetzt. Die Verdichtung wurde auf $\varepsilon = 9{,}0$ zurückgenommen, da die Klopffestigkeit des Superbenzins wegen des reduzierten Bleitetraethyl-Anteils abgenommen hat. Dadurch geht die Motorleistung auf 195 PS, das maximale Drehmoment auf 275 Nm und die Höchstgeschwindigkeit von 205 auf 200 km/h zurück. Gleichzeitig werden Hydrostößel und die kontaktlose Transistorzündung eingeführt.

Mercedes-Benz 450 SL (R 107 E 45, 107.044, 1971–1980)

Der 350 SL wird ab Juli 1971 auch nach Nordamerika exportiert – wohlgemerkt unter dieser Ziffernkombination am Heck, wenn auch mit dem abgasentgifteten und daher auf 195 PS leistungsreduzierten 4,5-Liter-V8 des Baumusters M 117 unter der Haube. Der M 117 war parallel zum M 116 entwickelt worden, mit diesem nahe verwandt und wie dieser für die S-Klasse-Limousinen der Baureihe W 116 (ab Ende 1972) vorgesehen. Erwartungsgemäß ist der 450 SL bald auch in Europa erhältlich, wird im März 1972 auf dem Genfer Salon vorgestellt und darf ein halbes Jahr später auch in Nordamerika so heißen. Bei entspannten 5000/min stehen 225 PS zur Verfügung, wesentlicher ist das maximale Drehmoment von 378 Nm bei lässigen 3000/min. Die Verdichtung von $\varepsilon = 8{,}8$ ist bereits an kommenden ökologisch motivierten Unwägbarkeiten orientiert.

Im November 1975 erhält der 450 SL noch vor seinem kleineren V8-Bruder die K-Jetronic. Obwohl die Ver-

Der 450 SL stellte 1972 die logische Ergänzung der SL-Palette dar.

dichtung unangetastet blieb, sinkt die Motorleistung auf 219 PS, der Drehmoment-Höchstwert auf 360 Nm und die Spitze von 215 auf 210 km/h. Der 450 SL ist grundsätzlich mit der dreistufigen Wandler-Automatik ausgerüstet. Im Gegensatz zu den US-Versionen und zu den hubraumschwächeren Schwestermodellen besitzt der 450 SL eine als »Koppelachse« bezeichnete modifizierte Version der Schräglenker-Hinterachse mit Anfahrmoment-Abstützung. Der Hebelarm des Drehstabstabilisators dient dabei als weiterer Lenker, der mit dem Schräglenker in der Radlagerung gekoppelt ist. Dadurch wird das Eintauchen des Wagenhecks beim jähen Anfahren verhindert, Federweg und Radsturz bleiben konstant. Die Koppelachse wird von nun an in alle drehmomentstärkeren SL-Typen für die europäischen Märkte mit mehr als 3,5 Litern Hubraum eingebaut. Wegen des hohen Nordamerika-Exportanteils der 4,5-Liter-Version werden vom 450 SL mehr als viermal so viele Wagen abgesetzt wie vom 350 SL. Mit 66 298 Einheiten ist er der erfolgreichste 107er.

Mercedes-Benz 280 SL (R 107 E 28, 107.042, 1974–1985)

Die Energiekrise des Jahres 1973 ist sicher nicht die Ursache für das lang geplante und im August 1974 umgesetzte Erscheinen des Sechszylinder-SL, wohl aber der Anlass. Der Reihen-Sechser des Baumusters M 110, der auch im 280 E/8 und im 280 SE (W 116) Dienst tut, ist mit seinen beiden oben liegenden Nockenwellen und den V-förmig hängenden Ventilen nicht nur ein technisches Glanzstück und eine Augenweide, sondern mit 185 PS aus 2,8 Litern Hubraum auch ein drehfreudiges Kraftpaket. Der 280 SL ist dem 350 SL in den Fahrleistungen so gut wie ebenbürtig, kommt dem Achtzylinder allerdings beim Ausnutzen des Potenzials auch im Verbrauch sehr nahe. Im Februar 1976 wird auch dem 280 SL die Absenkung der Verdichtung zuteil: Die Kompression verringert sich von $\varepsilon = 9{,}0$ auf $\varepsilon = 8{,}7$, die Motorleistung auf 177 PS, das maximale Drehmoment von 238 auf 233 Nm und die Höchstgeschwindigkeit von 205 auf 200 km/h. Gleichzeitig wird der M 110 von der elektronischen D-Jetronic auf die mechanisch gesteuerte K-Jetronic umgestellt. Wenig mehr als zwei Jahre später kehrt die Verdichtung wieder auf den alten Stand von $\varepsilon = 9{,}0$ zurück, die 185 PS sind zurückgekehrt, und die Drehmomentspitze liegt nun sogar bei 240 Nm.

In Grundausstattung wird der 280 SL mit einem Viergang-Schaltgetriebe ausgerüstet. Die vierstufige Wandler-Automatik ist ebenso Sonderausstattung wie das mechanische Fünfgang-Getriebe, das zunächst ab Juni 1976 wegen mangelhafter Standfestigkeit nicht mehr erhältlich ist, dann aber ab Oktober 1981 als weitgehende Neukonstruktion wieder Bestandteil der Extra-Liste wird. Der »kleinste« 107er ist auf dem Heimatmarkt mit 70 Prozent Anteil an der Baumusterfamilie der mit Abstand populärste.

Mercedes-Benz 380 SL (R 107 E 38, 107.045, 1980–1985)

Im März 1980 wird der 350 SL aus der Fertigung genommen und zwei Monate später durch den äußerlich nahezu unveränderten 380 SL ersetzt. Neu ist der nur 199 kg schwere, aus dem seit Januar 1980 ausgelieferten 380 SE (S-Klasse der Baureihe W 126) übernommene Leichtmetall-V8, der strukturell mit dem Vorgänger-Triebwerk aus Grauguss verwandt ist – daher auch der beibehaltene Motorencode M 116. Zylinderblöcke und Kurbelgehäuse werden im Niederdruck-Kokillenverfahren aus einer Aluminiumlegierung mit hohem Silizium-Anteil gegossen. Auf Laufbüchsen konnte verzichtet werden, da die Zylinderlaufbahnen nach dem Reynolds-Verfahren härtebehandelt werden. Der 380 SL wird im Gegensatz zu seinem Vorgänger ausschließlich mit der vierstufigen Wandler-Automatik angeboten und ist mit der Koppelachse ausgerüstet.

Zunächst verfügt der 380 SL über 218 PS und ein Höchstdrehmoment von 299 Nm. Im Oktober 1981 greift das konzernweit praktizierte »Energie-Kon-

Der 380 SL mit dem Leichtmetall-V8 ersetzte im Frühjahr 1980 den 350 SL.

zept«: Mit zurückgenommener Bohrung und verlängertem Hub nähern sich die Zylinderabmessungen bei kaum verändertem Hubvolumen einer quadratischen Auslegung. Kompaktere Brennräume verbessern den Wirkungsgrad. Die Verdichtung wird auf $\varepsilon = 9{,}4$ angehoben, die Reibleistung durch schlankere Hubzapfen verringert. Neue Nockenwellen ergeben andere Steuerzeiten. Stickoxid-Emissionen werden durch Abgasrückführung begrenzt. Die Leerlaufdrehzahl wird abgesenkt und schließlich der Zündzeitpunkt neu festgelegt. Durch diese Maßnahmen sinkt die Motorleistung auf 204 PS, während das maximale Drehmoment auf 315 Nm ansteigt und vor allem bereits bei 3250 Touren (statt vorher 4000/min) bereitsteht. Zudem wurde die Antriebsübersetzung deutlich länger.

Zwar vermindert sich die Höchstgeschwindigkeit von 215 auf 205 km/h und die Standardbeschleunigung wird um eine knappe Sekunde langsamer, aber der Zweck ist erreicht: Der Durchschnittsverbrauch geht um ein Fünftel zurück. Der Tankinhalt wird um fünf auf 85 Liter reduziert.

Mercedes-Benz 500 SL (R 107 E 50, 107.046, 1980–1989)

Der voluminöser motorisierte SL erhält im Frühjahr 1980 mit dem unverändert M 117 benannten V8 aus dem neuen 500 SE ebenfalls ein Leichtmetall-Triebwerk. Hier wurde der Hub des 4,5-Liter-Motors beibehalten, aber die Bohrung vergrößert. Die Fünfliter-Maschine gibt bei einer Verdichtung von $\varepsilon = 8{,}8$ stattliche 240 PS und ein maximales Drehmoment von 402 Nm ab. Äußerlich unterscheidet sich der 500 SL von seinen Baumusterkollegen durch einen nicht unbedingt attraktiven schwarzen Gummispoiler auf der Kante des Kofferraumdeckels, der hier aus Aluminiumblech besteht. Als einziger SL wird der 500 SL serienmäßig mit den formschönen Fuchs-Leichtmetallrädern ausgerüstet.

Analog zum 380 SL wird auch der 500 SL im Oktober 1981 dem »Energie-Konzept« unterworfen – mit den bereits genannten Maßnahmen, allerdings mit unangetastetem Hub-Bohrungs-Verhältnis, aber mit einer auf $\varepsilon = 9{,}2$ erhöhten Verdichtung. Die Motorleistung geht bei abgesenktem Drehzahlniveau auf 231 PS

500 SL der zweiten Serie ab September 1985.

zurück, der Drehmoment-Höchstwert nimmt geringfügig auf 404 Nm zu. Den Fahrleistungen tut das kaum einen Abbruch: Die Spitzengeschwindigkeit wird nun mit 220 km/h statt 225 km/h angegeben und der Standardsprint vollzieht sich in 8,1 statt 7,8 Sekunden. Wesentlicher ist, dass der Kraftstoffkonsum um ansehnliche 17,5 Prozent gezügelt wurde.

Im September 1985 erscheint anstelle der erwarteten vierten SL-Generation die dritte Überarbeitung der 107er-Roadster. Dabei bleibt der 500 SL, zwar mit den optischen Segnungen der Neuauflage versehen, in seinen technischen Strukturen weitgehend der Alte. Dennoch wurde das Triebwerk an die Erfordernisse der Zeit angepasst: Die ursprünglich rein mechanische K-Jetronic erhielt wegen der notwendigen Lambda-Regelung eine elektronische Aufschaltung und mutierte zur KE-Jetronic. Die Verdichtung wurde auf $\varepsilon = 9{,}0$ abgesenkt, die Steuerzeiten wurden abermals verändert. Die an die damals gültige europäische Gesetzgebung angepasste ECE-Version ohne Katalysator leistet 245 PS, die KAT-Variante 223 PS. Das maximale Drehmoment liegt nun bei 392 (ECE) bzw. 358 (KAT) Nm.

Mercedes-Benz 300 SL (R 107 E 30, 107.041, 1985–1989)

Zur Neuauflage im September 1985 erhält das Sechszylinder-Basismodell analog zur reformierten S-Klasse der Reihe W 126 deren neu entwickelten Dreiliter-Motor. Im Gegensatz zum M 110 des 280 SL mit seinem aufwendigen dohc-Zylinderkopf weist der neue M 103 nur noch eine Nockenwelle auf. Die auf Katalysator umrüstbare RÜF-Ausführung leistet 188 PS und gibt bei 4400/min 255 Nm ab, bei der meist georderten KAT-Version sind es 180 PS bzw. 250 Nm. Die Fahrleistungen des »kleinen« SL verbessern sich damit zwar kaum – einer Spitze von 198 km/h (KAT 195 km/h) steht ein Normsprint von 9,4 (KAT 9,8) Sekunden gegenüber –, großes Plus ist indessen der turbinenhaft vibrationsfreie Lauf des M 103. Natürlich weckt die Typenbezeichnung 300 SL nicht nur unter Kennern Assoziationen an den hochkarätigen Namensvetter vergangener Tage. Vom Hersteller ist das nicht gewollt, dennoch werden Fragezeichen gesetzt.

Die Überarbeitung der Familie R 107 – auch der Achtzylinder – ist gründlich. Die Roadster wurden in ihrer Linienführung geliftet, was angesichts des auffälligen Bugspoilers – der aber den Auftrieb an der Vorderachse um 30 Prozent reduziert – nicht eben ästhetisch gelungen wirkt. Die Sitze wurden hinsichtlich der Seitenführung verbessert. Zur Verbesserung des Geradeauslaufs änderte man die Kinematik der Vorderradaufhängung und verkleinerte den Lenkrollradradius. Die vorderen Bremsscheiben wurden vergrößert und erhielten Vier-Kolben-Festsättel. Neu sind die serienmäßigen 15-Zoll-Leichtmetallräder im flachen »Kanaldeckel«-Design.

Träger einer prominenten Ziffernfolge: Der 300 SL löste 1985 den 280 SL ab.

Mercedes-Benz 420 SL (R 107 E 42, 107.047, 1985–1989)

Anlässlich der Umstrukturierung des Typenprogramms im Herbst 1985 weicht auch der 380 SL – allerdings erst im November – dem 420 SL. Der Leichtmetall-V8 des Baumusters M 116 wurde dahingehend geschaffen, dass die Bohrung des 3,5-Liter-Blocks mit dem Kolbenhub der EK-Variante des 3,8-Liter-Blocks kombiniert wurden. Die KA-Jetronic wurde zur mechanisch-elektronischen Variante KE III weiterentwickelt. Alle auf die Gemischbildung bezogenen Parameter werden von einem Mikroprozessor gesteuert. Die RÜF-Version gibt 218 PS und bei 3750/min 324 Nm ab, mit Katalysator sind es 204 PS – das heißt so viel wie beim Vorgänger ohne KAT – und 304 Nm. Die Fahrleistungen bewegen sich auf dem Niveau des 380 SL.

Da der kleinere V8-SL nicht nach Nordamerika exportiert wird, bleibt das Gros im Lande. Dadurch rangiert der 420 SL in der SL-Fertigungsstatistik mit 2148 Exemplaren auf dem letzten Platz.

Mercedes-Benz 560 SL (R 107 E 56, 107.048, 1985–1989)

Eine Sonderrolle spielt der ab September 1985 gefertigte 560 SL: Er ist ein reines Exportmodell für Nordamerika, Japan und Australien und daher auf dem Heimatmarkt offiziell nicht erhältlich. Allein in den USA werden 94 Prozent von den immerhin 49 347 Stück abgesetzt. Herzstück des 560 SL ist die durch Hubverlängerung auf ein Hubvolumen von 5547 cm³ vergrößerte Version des M 117, die gleichzeitig auch im S-Klasse-Topmodell 560 SEL eingesetzt wird. Während für die große Limousine drei Varianten dieses Triebwerks (KAT, RÜF und ECE) mit 242 bis 300 PS angeboten werden, stehen im ausschließlich mit Katalysator erhältlichen SL nur 230 PS zur Verfügung, da sich die aus Platzgründen kompakt gestaltete Abgasanlage leistungsmindernd auswirkt. In werksinternen Messprotokollen werden die Höchstgeschwindigkeit mit 223 km/h und die Zeit für den Null-auf-hundert-Sprint mit 7,7 Sekunden angegeben. In die offizielle Verkaufsliteratur geraten diese Werte jedoch nicht.

Der voluminös motorisierte 560 SL war ein reines Exportmodell – was unschwer zu erkennen ist.

TECHNISCHE DATEN SL-Roadster der Baureihe R 107

Modell	350 SL	450 SL	280 SL	380 SL	500 SL	300 SL	420 SL	560 SL
Baumuster	R 107 E 35; 107.043	R 107 E 45; 107.044	R 107 E 28; 107.042	R 107 E 38; 107.045	R 107 E 50; 107.046	R 107 E 30; 107.041	R 107 E 42; 107.047	R 107 E 56; 107.048
Karosserieform	zweisitziger Roadster mit optionalen hinteren Notsitzen							
Bauzeit	04/1971–03/1980	07/1971–11/1980	08/1974–08/1985	06/1980–10/1985	04/1980–08/1989	09/1985–08/1989	11/1985–08/1989	09/1985–08/1989
Motor								
Bauart (Viertakt-Otto)	V8-Motor M 116 E 35	V8-Motor M 117 E 45	Reihen-Sechs-zylinder M 110 E 28	V8-Motor M 116 E 38	V8-Motor M 117 E 50	Reihen-Sechs-zylinder M 103 E 30	V8-Motor M 116 E 42	V8-Motor M 117 E 56
Hubraum in cm^3	3499	4189	2746	3818; ab 10/1981: 3839	4973	2962	4196	5547
Bohrung × Hub in mm	92,0 × 65,8	92,0 × 85,0	86,0 × 78,8	92,0 × 71,8; ab 10/1981: 88,0 × 78,9	96,5 × 85,0	88,5 × 80,25	92,0 × 78,9	96,5 × 94,8
Leistung in PS/kW bei min^{-1}	200/147 bei 5800; ab 02/1976: 195/143 bei 5600	225/165 bei 5000; ab 11/1975: 217/160 bei 5000	185/136 bei 6000; ab 02/1976: 177/150 bei 6000; ab 04/1978: 185/136 bei 5800	218/160 bei 5500; ab 10/1981: 204/150 bei 5250	240/177 bei 5000; ab 10/1981: 231/170 bei 4750; ab 09/1985: 245/180 bei 4750, KAT 223/164 bei 4700	188/138 (KAT: 180/132) bei 5700	218/160 (KAT: 204/150) bei 5200	227 SAE-hp (>230 DIN-PS/170 kW) bei 4750

TECHNISCHE DATEN SL-Roadster der Baureihe R 107

Modell	350 SL	450 SL	280 SL	380 SL	500 SL	300 SL	420 SL	560 SL
Motor								
max. Drehmoment in Nm bei min^{-1}	292 bei 4000; ab 02/1976: 280 bei 4000	385 bei 3000; ab 11/1975: 367 bei 3250	243 bei 4500; ab 02/1976: 238 bei 4500; ab 04/1978: 245 bei 4500	305 bei 4000; ab 10/1981: 321 bei 3250	410 bei 3200; ab 10/1981: 412 bei 3000; ab 09/1985: 400 bei 3750, KAT 385 bei 3500	260 (KAT: 255) bei 4400	330 (KAT: 310) bei 3600	380 bei 3250
Ventilsteuerung; Ventile pro Zylinder	je Zylinderbank 1 oben liegende Nockenwelle (ohc), Doppelrollenkette; 2		2 oben liegende Nockenwellen (dohc), Doppelrollenkette; 2	je Zylinderbank 1 oben liegende Nockenwelle (ohc), Doppelrollenkette; 2		1 oben liegende Nockenwelle (ohc), Einfachrollenkette; 2	je Zylinderbank 1 oben liegende Nockenwelle (ohc), Doppelrollenkette; 2	
Gemischaufbereitung	Saugrohr-Benzineinspritzung Bosch D-Jetronic, elektronisch geregelt; ab 02/1976: Bosch K-Jetronic, mechanisch geregelt			Saugrohr-Benzineinspritzung Bosch K-Jetronic, mechanisch geregelt	Saugrohr-Benzineinspritzung Bosch K-Jetronic, mechanisch geregelt; ab 09/1985: Bosch KE-Jetronic, mechanisch-elektronisch geregelt; a. W. geregelter 3-Wege-Katalysator, ab 09/1986 Serie	Saugrohr-Benzineinspritzung Bosch-KE-Jetronic, mechanisch-elektronisch geregelt; a. W. geregelter 3-Wege-Katalysator, ab 09/1986 Serie		Saugrohr-Benzineinspritzung Bosch-KE-Jetronic, mechanisch-elektronisch geregelt; Abgas-Reinigungsanlage nach EPA-Norm USA

TECHNISCHE DATEN SL-Roadster der Baureihe R 107

Modell	350 SL	450 SL	280 SL	380 SL	500 SL	300 SL	420 SL	560 SL
Motor								
Verdichtung	9,5; ab 02/1976: 9,0	8,8	9,0; ab 02/1976: 8,7; ab 04/1978: 9,0	9,0; ab 10/1981: 9,4	8,8; ab 10/1981: 9,2; ab 09/1985: 9,0	9,2	9,0	
Elektrik	12 V; Batterie 66 Ah		12 V; Batterie 55 Ah	12 V; Batterie 66 Ah		12 V; Batterie 62 Ah	12 V; Batterie 66 Ah	
Lichtmaschine	770 W			980 W				
Kraftübertragung								
Getriebe	4-Gang-Schaltgetriebe; a. W. 3-Stufen-Automatik	3-Stufen-Automatik	4-Gang-Schaltgetriebe; a. W. 5-Gang-Schaltgetriebe (ab 10/1981 Serie); a. W. 4-Stufen-Automatik	4-Stufen-Automatik		5-Gang-Schaltgetriebe; a. W. 4-Stufen-Automatik	4-Stufen-Automatik	
Antrieb	Hinterräder							
Rahmen und Fahrwerk								
Aufbau	selbsttragende Ganzstahlkarosserie							
Radaufhängung vorn	einzeln an Doppelquerlenkern							
Radaufhängung hinten	einzeln an Schräglenkern	Koppelachse mit Anfahrmoment- und Bremsnickabstützung	einzeln an Schräglenkern	Koppelachse mit Anfahrmoment- und Bremsnickabstützung		einzeln an Schräglenkern	Koppelachse mit Anfahrmoment- und Bremsnickabstützung	
Lenkung	Kugelumlauf-Servolenkung							

TECHNISCHE DATEN SL-Roadster der Baureihe R 107

Modell	350 SL	450 SL	280 SL	380 SL	500 SL	300 SL	420 SL	560 SL
Rahmen und Fahrwerk								
Bremsen	hydraulische Zweikreis-Bremsanlage mit Unterdruck-Bremskraftverstärker; 4 Scheiben, vorne innenbelüftet		hydraulische Zweikreis-Bremsanlage mit Unterdruck-Bremskraftverstärker; 4 Scheiben, vorn innenbelüftet; ab 03/1980: a. W. Anti-Blockier-System	hydraulische Zweikreis-Bremsanlage mit Unterdruck-Bremskraftverstärker; 4 Scheiben, vorn innenbelüftet; a. W. Anti-Blockier-System	hydraulische Zweikreis-Bremsanlage mit Unterdruck-Bremskraftverstärker; 4 Scheiben, vorn innenbelüftet; a. W. Anti-Blockier-System, ab 09/1985 Serie	hydraulische Zweikreis-Bremsanlage mit Unterdruck-Bremskraftverstärker; 4 Scheiben, vorn innenbelüftet; a. W. Anti-Blockier-System, ab 12/1986 Serie	hydraulische Zweikreis-Bremsanlage mit Unterdruck-Bremskraftverstärker; 4 Scheiben, vorn innenbelüftet; Anti-Blockier-System	
Felgengröße	6½ J × 14 H 2				6½ J × 14 H 2; ab 09/1985: 7 J × 15 H 2	7 J × 15 H 2		
Bereifung	205/70 VR 14		185 HR 14; ab 03/1980: 195/70 R 14 89 H	205/70 VR 14	205/70 VR 14; ab 09/1985: 205/65 VR 15	205/65 VR 15		
Maße und Gewichte								
Radstand in mm	2460	2455	2460	2455		2460	2455	
Spur vorn/hinten in mm	1452/1440				1452/1440; ab 09/1985: 1465/1466	1465/1466		
Länge/Breite/Höhe (mit geschlossenem Verdeck) in mm	4390/1790/1300				4390/1790/1300; ab 09/1985: 4390/1790/1307	4390/1790/1305	4390/1790/1307	4580/1790/1300

TECHNISCHE DATEN SL-Roadster der Baureihe R 107

Modell	350 SL	450 SL	280 SL	380 SL	500 SL	300 SL	420 SL	560 SL
Maße und Gewichte								
Leergewicht in kg (Hardtop + 40 kg)	1540	1580	1500	1540	1540; ab 09/1985: 1610	1510	1600	1715; ab 10/1986: 1680
Tankinhalt in l	90		90; ab 10/1981: 85			85		
Leistungsdaten								
Höchstgeschwindigkeit in km/h	210; ab 02/1976: 205	215; ab 11/1975: 210	205; ab 02/1976: 200	215; ab 10/1981: 205	225; ab 10/1981: 220; ab 09/1985: 225, KAT 215	203; KAT: 200	213; KAT: 205	223
Beschleunigung 0–100 km/h in sec	8,8; ab 02/1976: 9,5	8,8; ab 11/1975: 9,3	10,1	9,0; ab 10/1981: 9,8	7,8; ab 10/1981: 8,1; ab 09/1985: 7,3; KAT 7,8	9,4; KAT: 9,8	8,5; KAT: 9,0	7,7
Kraftstoffverbrauch in l/100 km	13,0	14,5	12,5	14,6; ab 10/1981: 11,6	14,7; ab 10/1981: 12,2; ab 09/1985: 12,3; KAT 13,0	11,3; KAT: 11,6	11,9; KAT: 12,5	k. A.
Sonstiges								
Stückzahl	15 304	66 298	25 436	53 200	11 812	13 742	2148	49 347
Preis bei Markteinführung	DM 29 970	DM 36 630 (03/1973, vorher nur Export nach Nordamerika)	DM 32 445,30	DM 54 014	DM 61 924	DM 63 441	DM 80 826	$ 64 230 (Exportmodell, im Inland nicht erhältlich)

Länge läuft – oder wie aus einem zweisitzigen Roadster ein viersitziges Coupé wird

Mercedes-Benz Coupés 280 SLC bis 500 SLC (C 107, 1972–1981)

Im Juli 1971 wird die Tradition der großen Mercedes-Coupés für ein halbes Jahr unterbrochen, als das letzte 280 SE 3.5 Coupé aus der nach zehn Jahren nicht mehr weiterentwicklungsfähigen Baureihe W 111 vom Band läuft. Da jedoch die Zeit fehlt, wird anstelle einer kompletten, kostspieligen Neukonstruktion – etwa im Anschluss an die S-Klasse-Familie W 116 – die Variation des Themas R 107 als Parallelentwicklung vorgezogen. Im Klartext: Das fünfsitzige Coupé entsteht auf der verlängerten Bodengruppe des neuen Roadsters. Mit diesem Konzept setzt sich Karl Wilfert, Chef der Karosserieentwicklung, gegenüber dem Rest des Vorstands durch. Er hat dabei die sportlich akzentuierten Coupés 2000 CS (1965) und 2800 CS (1968) des heranwachsenden Konkurrenten BMW im Auge. Der Formentscheid fällt im Frühjahr 1969. Der Vorbau, der bei einer Neuentwicklung die Hälfte der Projektkosten erfordert hätte, wird vom SL übernommen und ist bis zur Türhinterkante identisch. Noch ist nicht abzusehen, dass das nach seiner Abstammung zwitterhafte Coupé auch eine Doppelrolle zwischen den Extremen Boulevard und Naturpiste spielen wird, als Luxusgeschöpf und als Marathonläufer fürs Grobe.

Der Vorbau des SLC ist mit dem des Roadsters identisch.

Zehn Monate nach dem Verkaufsstart des 350 SL geht im Februar 1972 der 350 SLC in Produktion, nachdem er auf dem Pariser Salon im Oktober 1971 vorgestellt worden war. Die Typenbezeichnung weist ebenso wie die Benennung als Grundbaumuster C 107 auf die Abstammung hin. Der Radstand wurde gegenüber dem SL um 36 cm gestreckt, die Länge ist um 37 cm gewachsen. Trotzdem ist der SLC um 16,5 cm kürzer, aber auch um 5,5 cm schmaler als die Vorgänger des Baumusters W 111. Diese Proportionen stehen den Autos gut zu Gesicht – sie sehen weit weniger massig aus als die Roadster. An das lange gewölbte Dach schließt sich der im Gegensatz zum SL brettebene Kofferraumdeckel an. In gewohnter Hardtop-Manier ohne B-Säule lassen sich die Seitenscheiben fast komplett versenken – aber eben nur fast: Zwischen hinterer Türkante und Radkasten ist zu wenig Raum, um das hintere Seitenfenster vollständig aufnehmen zu können. Ergo: Es wird geteilt – der vordere Teil ist absenkbar, die hintere Partie ist dagegen starr und wird mit den doppelt verglasten Kunststofflamellen optisch abgesetzt. Dieser nach einer Idee des obersten Karosseriebauers Karl Wilfert vom Chefstilisten Friedrich Geiger ausgearbeitete Styling-Kniff bleibt indessen nicht unumstritten. Den Abschluss des Dachpavillons bildet die stark geneigte, großflächige und horizontal wie vertikal gewölbte Heckscheibe.

Die SLC-Coupés weisen neben den meist übereinstimmenden Stilelementen alle technischen Details und Sicherheitskomponenten der Roadster auf. Die Fahrwerke beider Typenreihen sind nahezu identisch. Allerdings muss man den Coupés nach dem alten nautischen Grundsatz »Länge läuft« sowohl einen noch stabileren Geradeauslauf als auch spürbar höheren Fahrkomfort zugestehen. Der cw-Wert der Coupés liegt niedriger als der Luftwiderstands-Beiwert der entsprechenden Roadster. Dadurch ergeben sich trotz eines um rund 50 kg höheren Wagengewichts die gleichen Fahrleistungen. Wegen der gegenüber den Roadstern nur halb so langen Bauzeit – neuneinhalb statt fast achtzehneinhalb Jahre – entstehen nur sechs statt acht Triebwerksvarianten, von denen die beiden Fünfliter-Versionen noch sehr nahe miteinander verwandt sind.

Mercedes-Benz 350 SLC (C 107 E 35, 107.023, 1972–1980) und 450 SLC (C 107 E 45, 107.024, 1972–1980)

Wie der Roadster geht auch der SLC als 3,5-Liter-Version mit dem 200-PS-V8 an den Start. Fünf Monate später – ab Juli 1972 – wird dieses Modell ebenfalls nach Nordamerika geliefert, allerdings bei unveränderter Typenbezeichnung wegen der dortigen Abgasgesetzgebung mit der auf 195 PS leistungsreduzierten Variante des 4,5-Liter-V8. Ab Ende März 1973 darf sich der 450 SLC dann als solcher zeigen und wird mit dem ungedrosselten 225-PS-V8 auf dem Heimatmarkt eingeführt, während die Leistung der US-Version allmählich bis auf 180 PS erschlafft. Äußeres Unterscheidungsmerkmal des 450 SLC ist der eher unauffällige Frontspoiler an der Bugschürze, der den Luftdurchsatz des Kühlers erhöht. Wie der 450 SL erhält auch der 450 SLC – ebenso wie die kommenden Fünfliter-SLC-Modelle – die Koppelachse mit Anfahrmoment- und Bremsnickabstützung, die das Eintauchen des Wagenhecks beim Start verhindert.

Analog zu den Roadstern wird auch bei den Coupés die Einspritzanlage im Hinblick auf die veränderten europäischen Emissionsgrenzwerte tief greifend modifiziert: Die elektronisch geregelte Bosch D-Jetronic weicht der rein mechanisch arbeitenden K-Jetronic. Beim 350 SLC wird zudem noch die Verdichtung gesenkt. Der Leistungsverlust von 5 PS (350 SLC) bzw. 8 PS wirkt sich nur geringfügig auf die Fahrleistungen aus. Die Einführung der kontaktlosen Transistorzündung und des hydraulischen Ventilspielausgleichs erleichtern die Wartung.

Mercedes-Benz 280 SLC (C 107 E 28, 107.022, 1974–1981)

Zusammen mit dem 280 SL wird ab August 1974 auch der 280 SLC ausgeliefert. Diese dritte SLC-Variante mit dem drehfreudigen Reihen-Sechszylinder mit zwei oben liegenden Nockenwellen und 185 PS ist kaum weniger lebendig als die »kleinere« V8-Version – aber auch nicht wesentlich sparsamer. Auch der 280 SLC wird ab Februar 1976 bei etwas abgesenkter Verdichtung mit der K-Jetronic ausgerüstet und muss sich vorübergehend mit 177 PS begnügen. Im April 1984 werden Verdichtung und Motorleistung wieder auf die ursprünglichen Werte angehoben.

280 SLC im Elsass.

Mercedes-Benz 450 SLC 5.0 (C 107 E 50, 107.026, 1978–1980) und 500 SLC (C 107 E 50, 107.026, 1980/1981)

Als Sonderfall, der zunächst kein Pendant in der Roadster-Familie hat, ist der im Herbst 1977 auf der Frankfurter IAA vorgestellte 450 SLC 5.0 zu betrachten. Das Kleinserienmodell mit der holprigen Typenbezeichnung geht im Mai 1978 in Serie und fungiert sozusagen als Technologieträger in Kundenhand. Einerseits dient der 240 PS starke 450 SLC 5.0 als Wegbereiter für die Einführung der aus den Grauguss-Triebwerken entwickelten Leichtmetall-V8-Motoren in der Großserie der S-Klasse, andererseits stellt er die Homologationsbasis für ein bei Langstreckenrallyes erfolgreiches Gruppe-4-Wettbewerbsfahrzeug dar. Vor dem Hintergrund der im internationalen Motorsport gültigen Fünfliter-Klasse musste der ursprüngliche Hubraum von 5025 cm^3 im Mai 1979 durch Verkleinern der Bohrung auf 4973 cm^3 reduziert werden. Der Leichtmetall-V8 wird mit einer verstärkten Dreistufen-Wandlerautomatik gekoppelt.

Leistungsförderndes Abspecken findet nicht nur durch den um 40 kg leichteren Motor statt, sondern auch bei der Karosserie: Motorhaube, Kofferraumdeckel und Stoßstangen bestehen aus Aluminiumblech – zusammen mit den serienmäßigen Leichtmetallrädern entspricht das einer weiteren Gewichtseinsparung von mehr als 80 kg. Von außen ist der

Ein 450 SLC 5.0 brabbelt im Leerlauf vor sich hin. Nicht zuletzt wegen der Sporterfolge sind diese Autos auf dem Weg zum Kultstatus.

Die Briten Andrew Cowan und Colin Malkin siegten 1978 mit einem 450 SLC bei der »Vuelta«, der materialmordenden Südamerika-Rallye. Hier ist im wahrsten Sinne des Wortes eine Spezialetappe zu bewältigen.

Auch in Afrika setzt sich der SLC durch – nun aber in der Version 5.0: Das Siegerteam der Bandama-Rallye (Côte d'Ivoire) Ende 1979 heißt Hannu Mikkola/Arne Hertz.

450 SLC 5.0 an seinem Frontspoiler, der schwarzen Spoilerlippe aus synthetischem Kautschuk auf der Hinterkante des Heckdeckels und der dunkelgrau abgesetzten Lackierung unterhalb der seitlichen Schutzleisten zu identifizieren.

In der Motorsportsaison 1978 belegten die 450 SL unter Einsatzleitung von Erich Waxenberger die Plätze eins, zwei und vier der mit 30 000 km Streckenlänge in fünf Wochen gigantischen Südamerika-Rallye. Die East African Safari im Jahr darauf endet mit Rang zwei und sechs und schließlich die barbarische Bandama-Rallye der Elfenbeinküste mit einem Vierfachsieg. Der Schwanengesang der Motorsport-Karriere des SLC – die Auflage 1980 dieses Naturstraßen-Marathons – wird mit einem Doppelsieg absolviert.

Im März 1980 wird in Genf der 500 SLC präsentiert, der sowohl den 450 SLC 5.0 als auch den Basis-450-SLC ablöst. Die Innenausstattung ist an die Architektur der S-Klasse-Limousinen der Baureihe W 126 angeglichen worden. Die Kraftübertragung erfolgt nun über eine vierstufige Wandlerautomatik. Äußerlich ist der Neue nicht vom »5.0« zu unterscheiden.

Mercedes-Benz 380 SLC (C 107 E 38, 107.025, 1980/81)

Im Frühjahr 1980 ersetzt der 380 SLC den 350 SLC. Auch hier weicht der Grauguss-V8 dem daraus entwickelten Leichtmetallblock. Das beim 350er nur als Sonderausrüstung lieferbare dreistufige Automatikgetriebe wird durch eine zur Grundausrüstung zählende Viergang-Automatik ersetzt. Ein Schaltgetriebe ist beim kleineren Achtzylinder nicht mehr erhältlich. Im Gegensatz zum gleichnamigen Roadster wird der 380 SLC mit der ursprünglichen Schräglenker-Hinterachse anstelle der aufwendigeren Koppelachse ausgerüstet.

Der 380 SLC ersetzte 1980 den ursprünglichen 350 SLC.

TECHNISCHE DATEN SLC-Coupés der Baureihe C 107

Modell	350 SLC	450 SLC	280 SLC	450 SLC 5.0	500 SLC	380 SLC
Baumuster	C 107 E 35; 107.023	C 107 E 45; 107.024	C 107 E 28; 107.022	C 107 E 50; 107.026		C 107 E 38; 107.025
Karosserieform	zweitüriges, fünfsitziges Coupé					
Bauzeit	02/1972–03/1980	07/1972–10/1980	08/1974–09/1981	05/1978–03/1980	03/1980–09/1981	05/1980–09/1981
Motor						
Bauart (Viertakt-Otto)	V8-Motor M 116 E 35	V8-Motor M 117 E 45	Reihen-Sechszylinder M 110 E 28	V8-Motor M 117 E 50		V8-Motor M 116 E 38
Hubraum in cm^3	3499	4189	2746	5025; ab 05/1979: 4973	4973	3818
Bohrung × Hub in mm	92,0 × 65,8	92,0 × 85,0	86,0 × 78,8	97,0 × 85,0; ab 05/1979: 96,5 × 85,0	96,5 × 85,0	92,0 × 71,8
Leistung in PS/kW bei min^{-1}	200/147 bei 5800; ab 02/1976: 195/143 bei 5600	225/165 bei 5000; ab 11/1975: 217/160 bei 5000	185/136 bei 6000; ab 02/1976: 177/150 bei 6000; ab 04/1978: 185/136 bei 5800	240/177 bei 5000		218/160 bei 5500
max. Drehmoment in Nm bei min^{-1}	292 bei 4000; ab 02/1976: 280 bei 4000	385 bei 3000; ab 11/1975: 367 bei 3250	243 bei 4500; ab 02/1976: 238 bei 4500; ab 04/1978: 245 bei 4500	410 bei 3200		305 bei 4000
Ventilsteuerung; Ventile pro Zylinder	je Zylinderbank 1 oben liegende Nockenwelle (ohc), Doppelrollenkette; 2		2 oben liegende Nockenwellen (dohc), Doppelrollenkette; 2	je Zylinderbank 1 oben liegende Nockenwelle (ohc), Doppelrollenkette; 2		
Gemischaufbereitung	Saugrohr-Benzineinspritzung Bosch D-Jetronic, elektronisch geregelt ; ab 02/1976: Bosch K-Jetronic, mechanisch geregelt			Saugrohr-Benzineinspritzung Bosch K-Jetronic, mechanisch geregelt		
Verdichtung	9,5; ab 02/1976: 9,0	8,8	9,0; ab 02/1976: 8,7; ab 04/1978: 9,0	8,8		9,0

TECHNISCHE DATEN SLC-Coupés der Baureihe C 107						
Modell	**350 SLC**	**450 SLC**	**280 SLC**	**450 SLC 5.0**	**500 SLC**	**380 SLC**
Motor						
Elektrik	12 V; Batterie 66 Ah		12 V; Batterie 55 Ah	12 V; Batterie 66 Ah		
Lichtmaschine	770 W				980 W	
Kraftübertragung						
Getriebe	4-Gang-Schaltgetriebe; a. W. 3-Stufen-Automatik	3-Stufen-Automatik	4-Gang-Schaltgetriebe; a. W. bis 06/1976 5-Gang-Schaltgetriebe; a. W. 4-Stufen-Automatik	3-Stufen-Automatik	4-Stufen-Automatik	
Antrieb	Hinterräder					
Rahmen und Fahrwerk						
Aufbau	selbsttragende Ganzstahlkarosserie					
Radaufhängung vorn	einzeln an Doppelquerlenkern					
Radaufhängung hinten	einzeln an Schräglenkern; ab 09/1972: a. W. hydropneumatische Niveauregulierung	Koppelachse mit Anfahrmoment- und Bremsnickabstützung; a. W. hydropneumatische Niveauregulierung	einzeln an Schräglenkern	Koppelachse mit Anfahrmoment- und Bremsnickabstützung; a. W. hydropneumatische Niveauregulierung		einzeln an Schräglenkern
Lenkung	Kugelumlauf-Servolenkung					
Bremsen	hydraulische Zweikreis-Bremsanlage mit Unterdruck-Bremskraftverstärker; 4 Scheiben, vorn innenbelüftet		hydraulische Zweikreis-Bremsanlage mit Unterdruck-Bremskraftverstärker; 4 Scheiben, vorn innenbelüftet; ab 03/1980: a. W. Anti-Blockier-System	hydraulische Zweikreis-Bremsanlage mit Unterdruck-Bremskraftverstärker; 4 Scheiben, vorn innenbelüftet	hydraulische Zweikreis-Bremsanlage mit Unterdruck-Bremskraftverstärker; 4 Scheiben, vorn innenbelüftet; a. W. Anti-Blockier-System	

TECHNISCHE DATEN SLC-Coupés der Baureihe C 107

Modell	350 SLC	450 SLC	280 SLC	450 SLC 5.0	500 SLC	380 SLC
Rahmen und Fahrwerk						
Felgengröße	6½ J × 14 H 2					
Bereifung	205/70 VR 14		185 HR 14; ab 03/1980: 195/70 R 14 89 H	205/70 VR 14		
Maße und Gewichte						
Radstand in mm	2820	2815	2820	2815		2820
Spur vorn/ hinten in mm	1452/1440					
Länge/Breite/Höhe in mm	4750/1790/1330					
Leergewicht in kg	1590	1630	1550	1515		1560
Tankinhalt in l	90					
Leistungsdaten						
Höchstgeschwindigkeit in km/h	205; ab 02/1976: 200	215; ab 11/1975: 210	205; ab 02/1976: 200	225		215
Beschleunigung 0–100 km/h in sec	9,5; ab 02/1976: 10,1	8,8; ab 11/1975: 9,3	10,1	8,5	7,8	9,0
Kraftstoffverbrauch in l/100 km	13,0	14,5	12,5	14,5		14,6
Sonstiges						
Stückzahl	13 925	31 739	10 666	2769		3789
Preis bei Markteinführung	DM 35 631	DM 31 739 (03/1973, vorher nur Export nach Nordamerika)	DM 37 218,30	DM 62 272	DM 67 122	DM 57 743